westermann

Hermann Moosmeier, Werner Reuschl

Metallbautechnik

Lernsituationen, Technologie, Technische Mathematik

Lernfelder 3 und 4

8. Auflage

Bestellnummer 74334

Die Seiten dieses Arbeitshefts bestehen zu 100 % aus Altpapier.

Damit tragen wir dazu bei, dass Wald geschützt wird, Ressourcen geschont werden und der Einsatz von Chemikalien reduziert wird. Die Produktion eines Klassensatzes unserer Arbeitshefte aus reinem Altpapier spart durchschnittlich 12 Kilogramm Holz und 178 Liter Wasser, sie vermeidet 7 Kilogramm Abfall und reduziert den Ausstoß von Kohlendioxid im Vergleich zu einem Klassensatz aus Frischfaserpapier. Unser Recyclingpapier ist nach den Richtlinien des Blauen Engels zertifiziert.

Druck und Bindung: Westermann Druck GmbH, Georg-Westermann-Allee 66, 38104 Braunschweig

ISBN 978-3-427-74334-7

Inhaltsverzeichnis

Lernfeld 3: Herstellen von einfachen Baugruppen

Lernfeld 4: Warten technischer Systeme

Die mit L gekennzeichneten Kapitel enthalten eine Lernsituation mit Arbeitsaufträgen, die auch in der Praxis umgesetzt werden können.

Metallbautechnik	Datum:	**Herstellen von einfachen Baugruppen** Verbindungsarten im Metallbau	Lernfeld 3
Name:	Klasse:		1

Das Verbinden von Werkzeug- und Maschinenteilen wird als Fügen bezeichnet.
Benennen Sie die skizzierten Verbindungsarten.
Formschluss-Verbindung, Stoffschluss-Verbindung, Kraftschluss-Verbindung.

Kleben	Schweißen	Löten
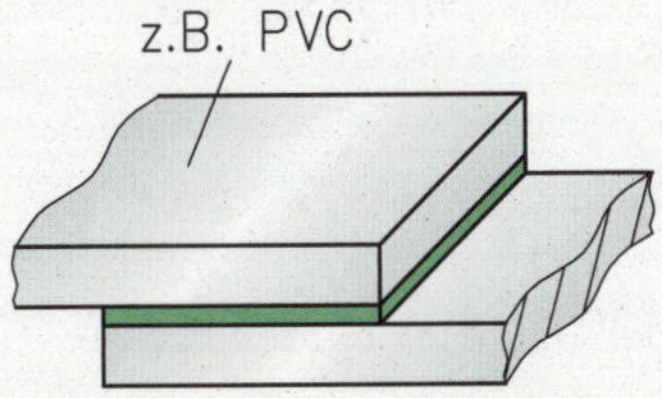	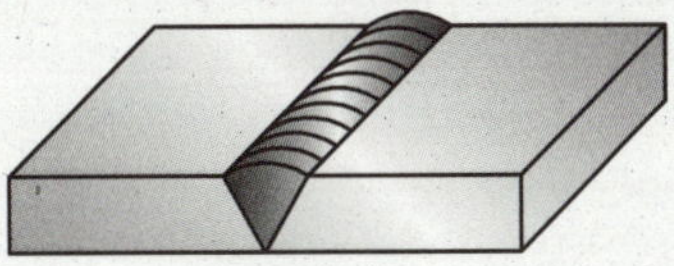	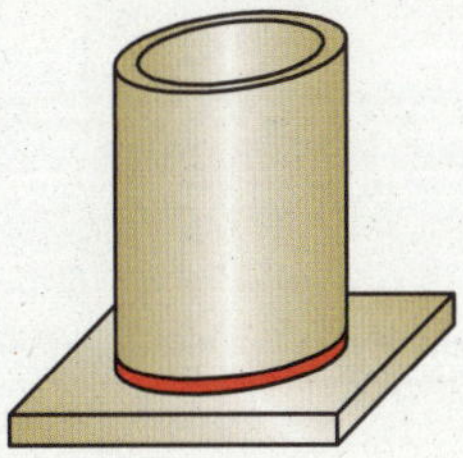
______________________ -Verbindung		
Bei dieser Verbindungsart wird der Werk- ____________ der einzelnen Bauteile vereinigt.		

Falzen	Schnappen	Stecken
	*z. B. Schnappfalz* 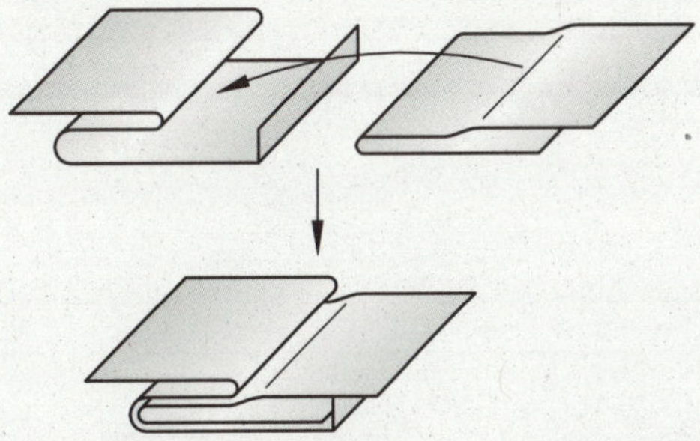	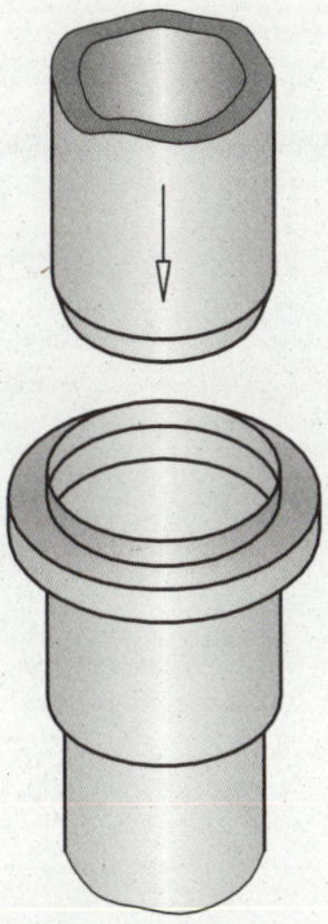
	z. B. Klipsen 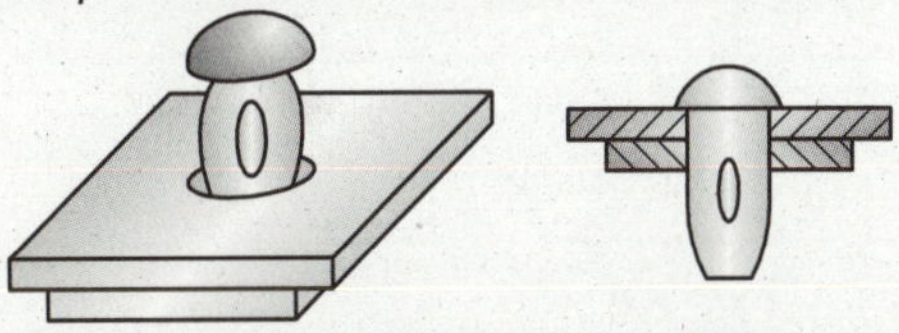	

Stifte, Bolzen	Kaltnieten	Keilwelle, Kerbverzahnung
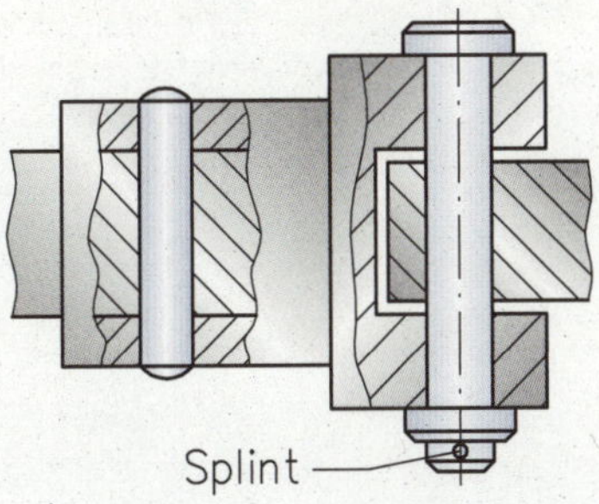	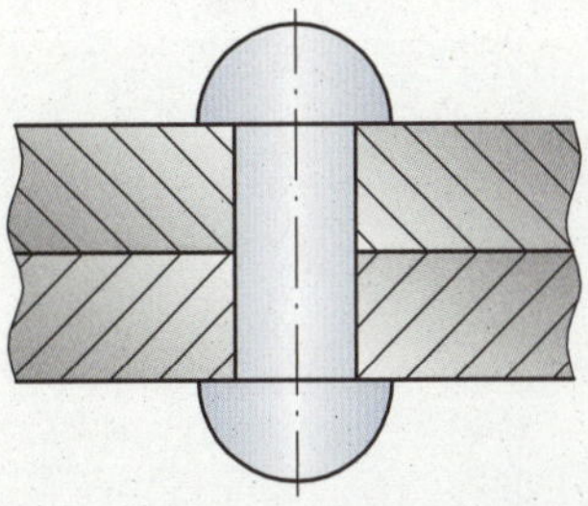	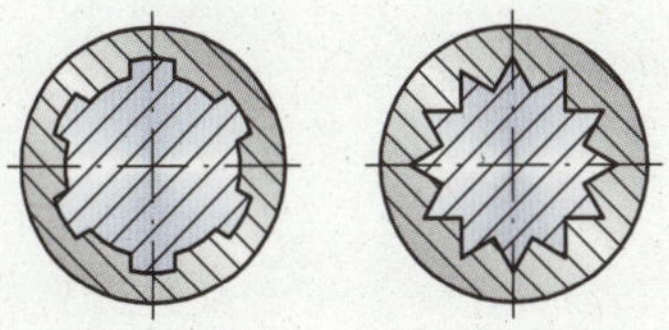
______________________ -Verbindung (Scherverbindung)		
Bei dieser Verbindungsart hält die ____________ der einzelnen Werkstücke die Bauteile zusammen.		

Bildnachweis: Di Gaspare, Michele (Bild und Technik Agentur für technische Grafik und Visualisierung)

<table>
<tr><th colspan="2">Verschrauben</th><th>Warmnieten</th></tr>
<tr><td>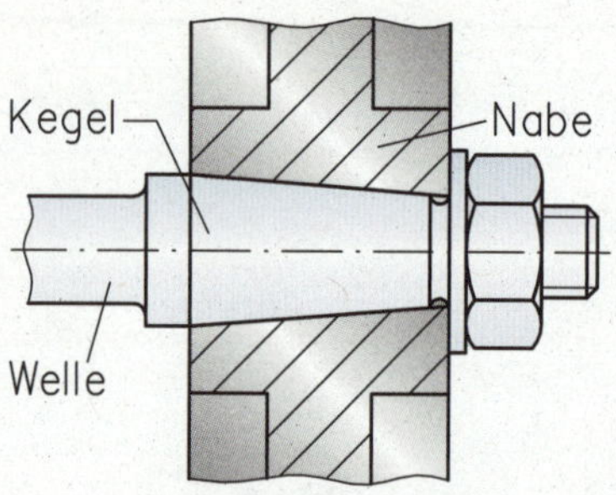
</td><td>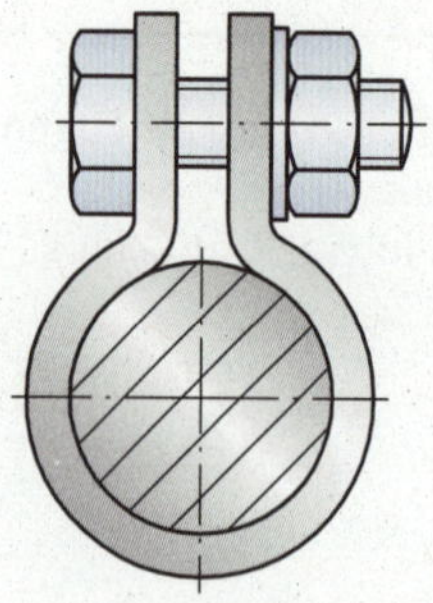</td><td>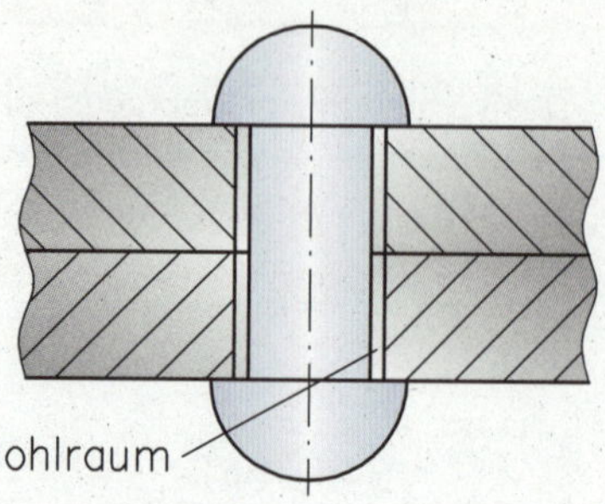
</td></tr>
<tr><td colspan="3">______________________ -Verbindung</td></tr>
<tr><td colspan="3">Bei dieser Verbindungsart wird die Reibungs- ______________ zwischen den Bauteilen ausgenützt.</td></tr>
</table>

Durch das Fügen werden Werkstoffe miteinander verbunden. Diese Verbindung kann lösbar, z. B. durch ______________, oder unlösbar, z. B. durch ______________, sein.

Einteilung und Anwendung der Verbindungen

Ordnen Sie in die Tabelle ein: Gewinde, Schweißen, Löten, Stifte, Nieten, Federn und Keile, Kleben, Falzen.
Geben Sie Anwendungsbeispiele aus Ihrem Beruf an.

Lösbare Verbindungen		Unlösbare Verbindungen	
Verbindung durch	Anwendungsbeispiel	Verbindung durch	Anwendungsbeispiel

Gebräuchliche Schraubenverbindungen

A. Schrauben

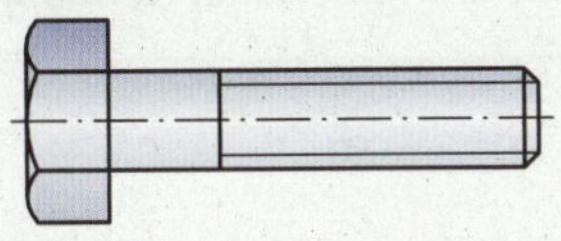 ______________-Schraube	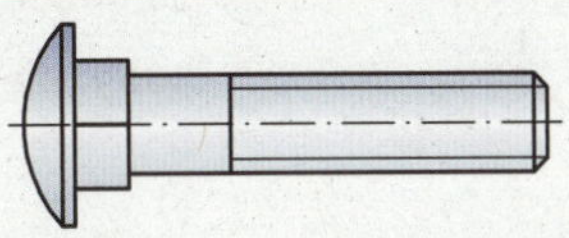 ______________-Schraube mit Vierkant	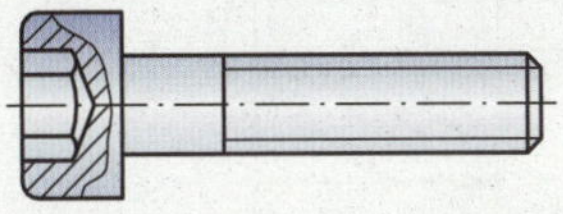 ______________-Schraube mit ______________
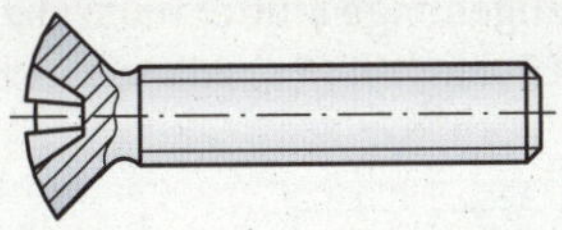 ______________-Schraube mit ______________	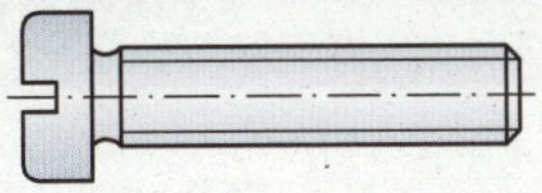 ______________-Schraube mit Schlitz	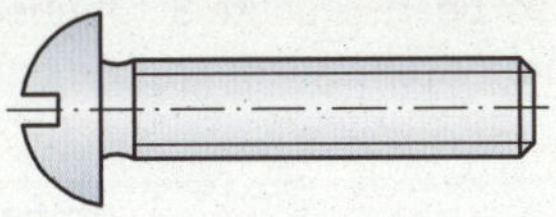 ______________-Schraube
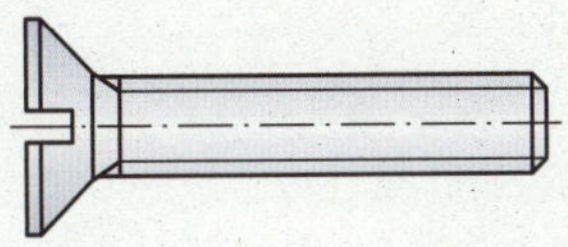 ______________-Schraube mit Schlitz	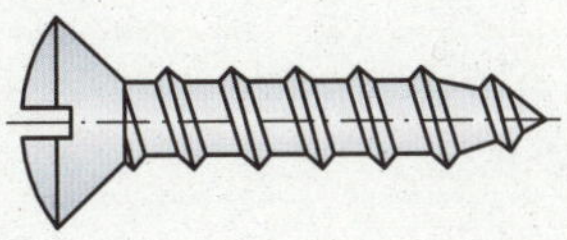 ______________-Schraube mit Schlitz für Bleche	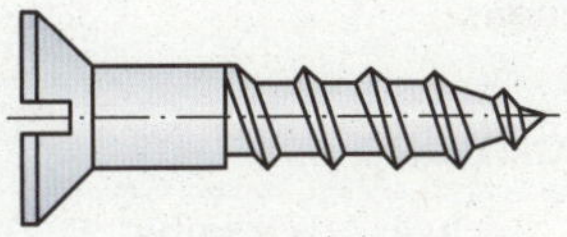 ______________-Schraube mit Schlitz für Holz
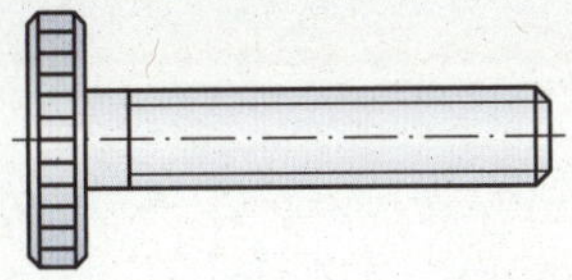 ______________-Schraube	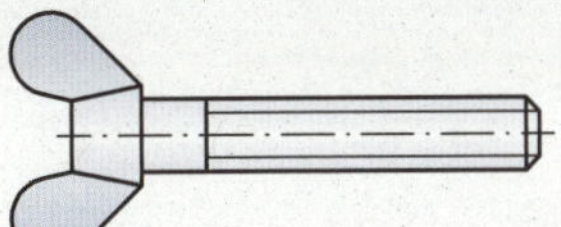 ______________-Schraube	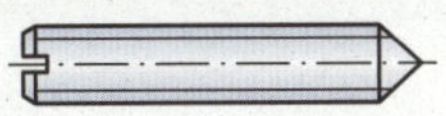 ______________ mit Schlitz

Bildnachweis: Di Gaspare, Michele (Bild und Technik Agentur für technische Grafik und Visualisierung)

B. Muttern

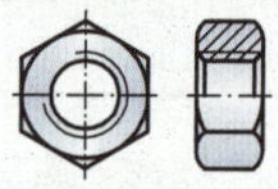 ______ -Mutter	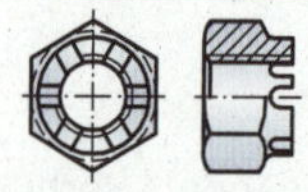 ______ -Mutter	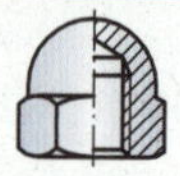 ______ -Mutter
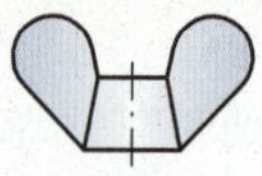 ______ -Mutter	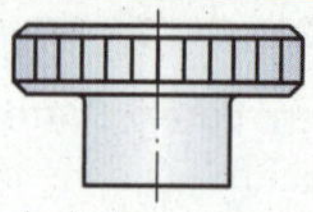 ______ -Mutter	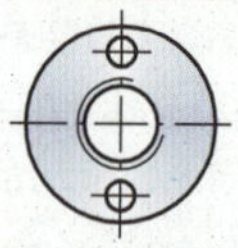 ______ -Mutter

C. Sicherungen

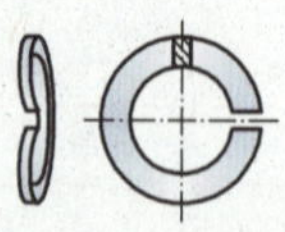 ______	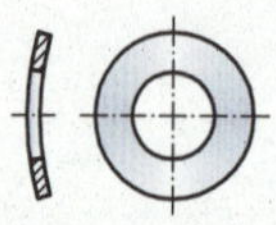 ______	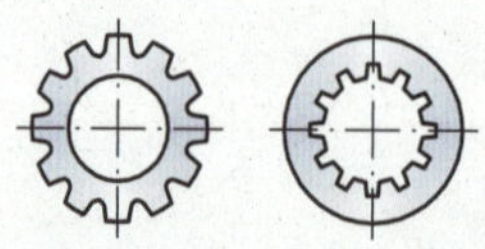 ______	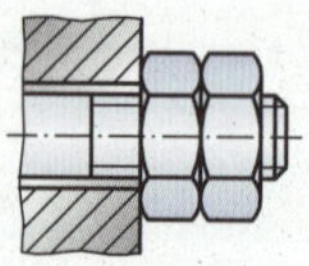 ______ ______
ungenügende Sicherung der Mutter, keine Normung			
 ______ ______		Mutter und Schraube mit klemmender Kunststoffbeschichtung	

D. Bezeichnung an der Schraube

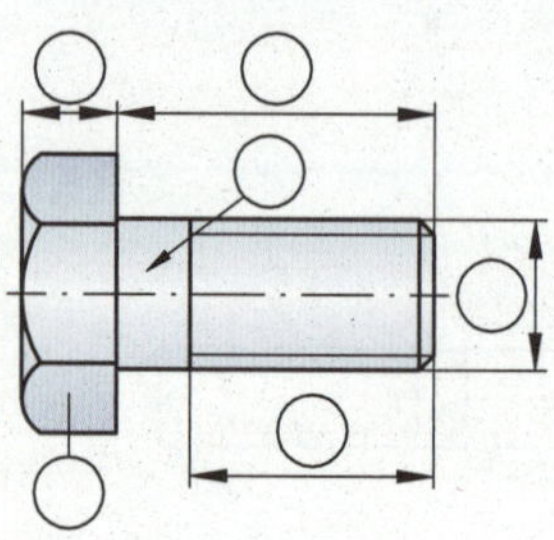

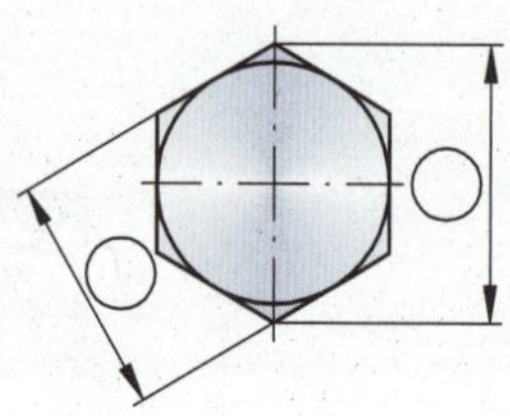

Ordnen Sie die Ziffern in die Zeichnung ein.
Beispiel: Sechskantschraube

① Schraubenkopf
② Schraubenschaft
③ Kopfhöhe
④ Schaftlänge
⑤ Gewindelänge
⑥ Gewinde- oder Nenndurchmesser
⑦ Schlüsselweite
⑧ Eckmaß

E. Gütebezeichnung

Stark beanspruchte Schrauben sind mit einer Gütebezeichnung versehen, z. B. ______ .

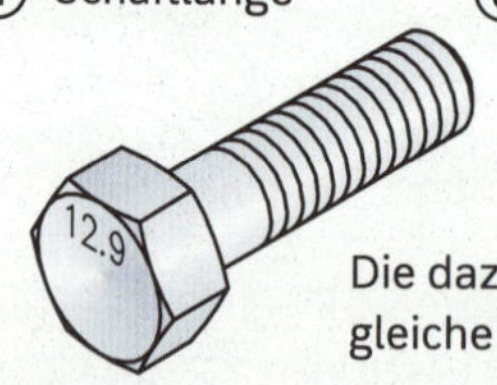

Die dazugehörige Mutter muss die gleiche Festigkeit (R_m) aufweisen z. B. 12

______
Mindest- ______

______
Mindest- ______

F. Normung

1. Sechskantschraube
DIN EN ISO 4014 – M 16 x 80 – 10.9

M = ______

16 = ______

______

80 = ______

______

10.9 = ______

2. Senkschraube
DIN EN ISO 2009 – M 8 x 40 – 5.8

M = ______

8 = ______

______

40 = ______

______

5.8 = ______

Bildnachweis: Di Gaspare, Michele (Bild und Technik Agentur für technische Grafik und Visualisierung)

G. Spannung und Dehnung der Schrauben

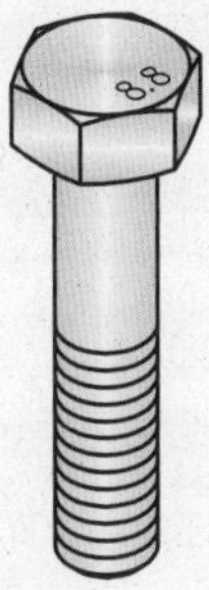

Sechskantschraube aus Stahl mit Schaft, DIN EN ISO 4014.

Größe: M 16, Länge: 80 mm

1. Geben Sie die Normbezeichnung der Schraube an.

   ____

2. Bestimmen Sie die Mindestzugfestigkeit R_m und die Mindeststreckgrenze R_e in N/mm^2.
   8.8. bedeutet: ______________________________

   ____

   ____

3. Bestimmen Sie mithilfe des Tabellenbuchs die Bruchdehnung nach DIN EN ISO 898-1. Sie beträgt ______ %.

4. Zeichnen Sie die Spannungs-Dehnungs-Kennlinie dieser Schraube.
   Beachten Sie dabei:
   - Beim Erreichen der Streckgrenze hat sich der Schraubenwerkstoff um 0,4 % gedehnt.
   - Von 0,4 bis 1 % fließt der Werkstoff; die Zugspannung schwankt zwischen 638 und 642 N/mm^2.
   - Die größte Belastung wird bei 8 % Dehnung erreicht.

R_e – Spannung, bei der der Werkstoff zu fließen beginnt. Es entsteht eine plastische Verformung, eine bleibende Dehnung. Die Streckgrenze ist der wichtigste Festigkeitswert.

R_m – Die größte mögliche Zugspannung, die der Werkstoff aufnehmen kann. Nach dem Erreichen der Mindestzugfestigkeit schnürt sich der Werkstoff ein, der Querschnitt wird kleiner.

H. Bezeichnung an der Mutter

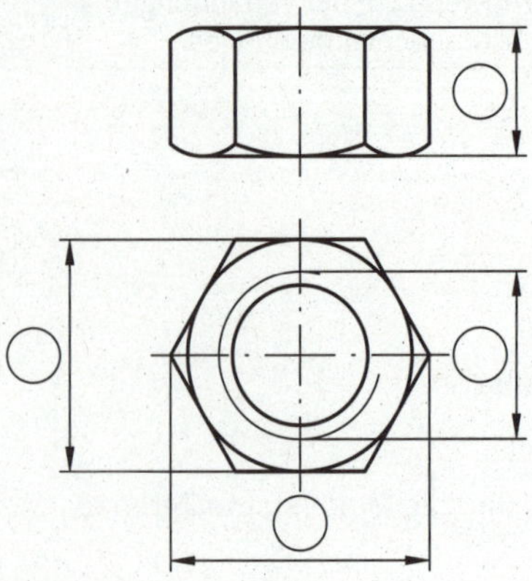

Ordnen Sie die Ziffern in die Mutterdarstellung ein.

① Gewinde- oder Nenndurchmesser

② Mutterhöhe

③ Schlüsselweite

④ Eckmaß

I. Gütebezeichnung (Auswahl)

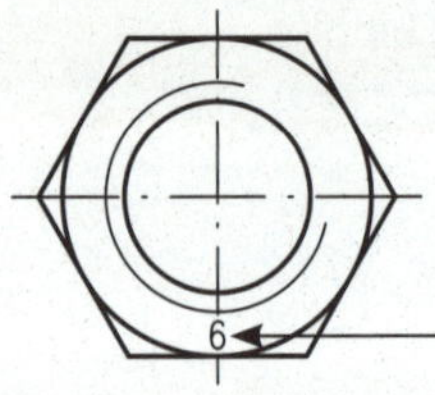

Stark beanspruchte Muttern haben eine Gütebezeichnung:

4 | 5 | 6 | 8 | 10 | 12

$R_m = 6 \cdot$ ________ = ________ N/mm²

Spezialgütebezeichnung	Fügebauteile aus
A 1 – 50	nichtrostendem Stahl, R_m = ________ N/mm²
A 2 – 70	nichtrostendem Stahl, R_m = ________ N/mm²
A 4 – 60	nichtrostender säurebeständiger Stahl, R_m = ________ N/mm²

J. Normung

Sechskantmutter ISO 4032 – M 10 – 8

M = ____________________

10 = ____________________

8 = ____________________

A. Gewindemaße

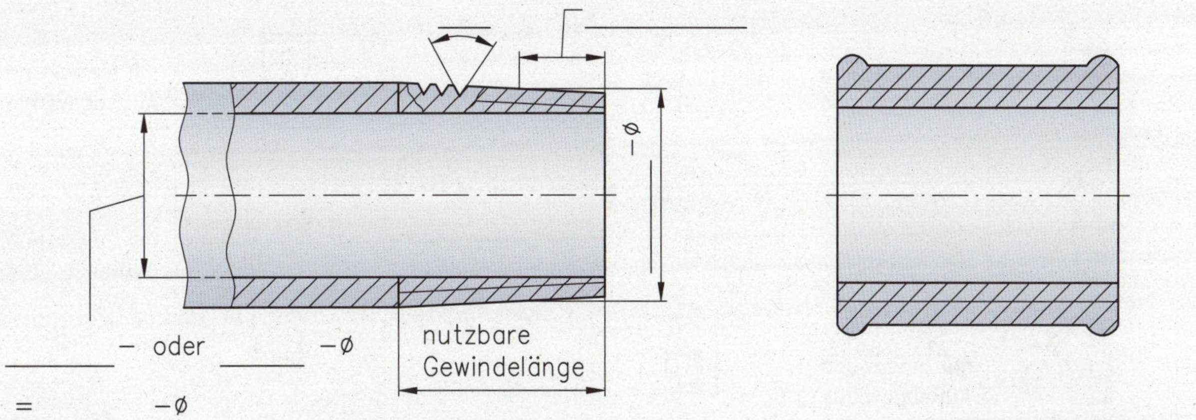

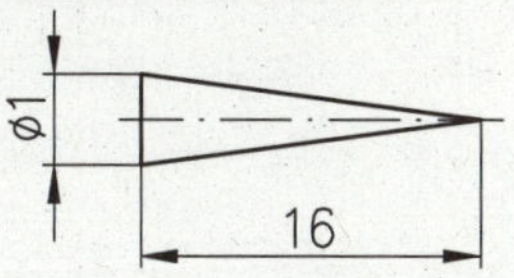

Nach welchem Durchmesser werden Gewinderohre stets benannt?

Nach dem ______________ durchmesser.

Es ist der Durchmesser der Nennweite ________ .

Beispiel: Rohrinnendurchmesser 20 mm ⟶ ______________ ____ : ____

Durch das Fügen des kegeligen Außengewindes mit dem zylindrischen Innengewinde entsteht eine dichte Pressverbindung. Sie gehört aber trotzdem zu den lösbaren Verbindungen.

Gewindeschneidwerkzeuge: ______________________________

Whitworth-Rohrgewinde (nach DIN EN 10226)

Ergänzen Sie jeweils den Nenndurchmesser und die Steigung. Verwenden Sie dazu das Tabellenbuch.

Kurzzeichen	**Nenn-ø** DN	**Außen-ø** (mm)	**Gangzahl** auf 1"	**Steigung** (mm)	**Nutzbare Gewindelänge** Mittelwert (mm)	**Messstelle** Mittelwert (mm)
R 3/8		16,66	19		10,1	6,4
R 1/2		20,96	14		13,2	8,2
R 3/4		26,44	14		14,5	9,5
R 1		33,25	11		16,8	10,4
R 1 1/4		41,91	11		19,1	12,7
R 1 1/2		47,80	11		19,1	12,7

R 3/4 bedeutet: ______________________________

Rp 1/2 bedeutet: ______________________________

B. Rohrverbindungsstücke

Soll bei Gewinderohren die Richtung geändert, der Durchmesser reduziert, eine Armatur (z. B. Absperrventil) eingefügt werden oder sind Abzweigungen vorgesehen, verwendet man Fittings aus ____________ -Guss.

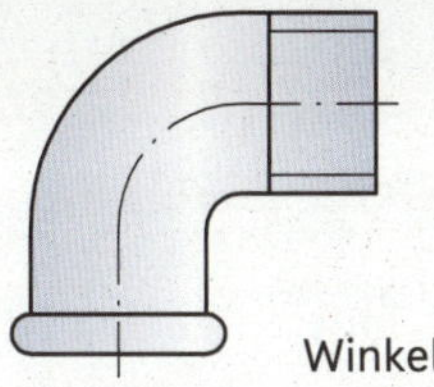

Winkel mit I-A, 3/4"

Bei der Bezeichnung der Fittings unterscheidet man:

1. ____________ (z. B. Winkel)
2. ____________ (I)- oder ____________ (A)-Gewinde
3. ____________ -Durchmesser in ____________

Fittings aus Temperguss (nach DIN EN 10 242)

Benennen Sie die einzelnen Fittings.

		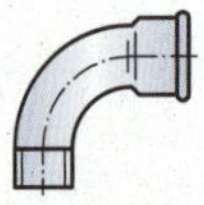	mit Innen- und Außengewinde		
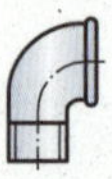	mit Innen- und Außengewinde			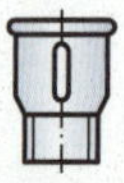	mit Innen- und Außengewinde
			mit Innen- und Außengewinde	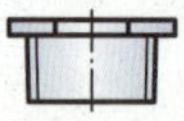	mit Innen- und Außengewinde
	mit Innen- und Außengewinde	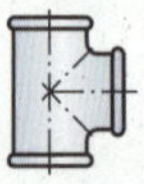			
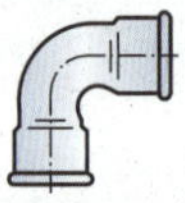		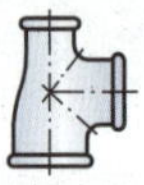	Abgang egal, Durchgang reduziert		mit Rand
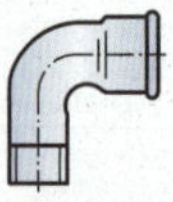	mit Innen- und Außengewinde	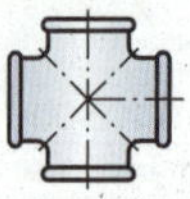		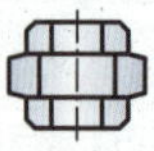	
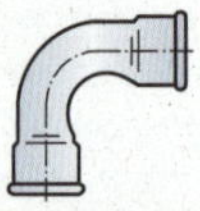		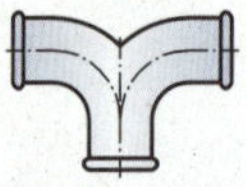		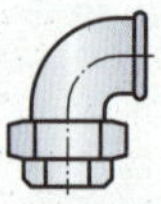	
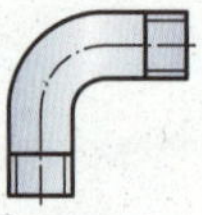	mit Außen-gewinde			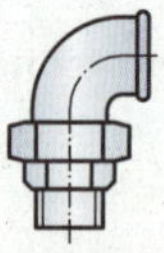	mit Innen- und Außengewinde

Reihenfolge der Bezeichnung der Nenndurchmesser reduzierter Fittings

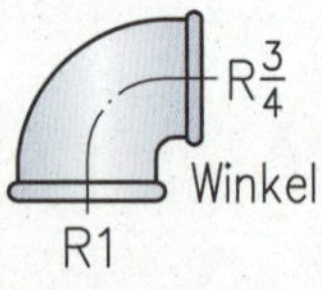

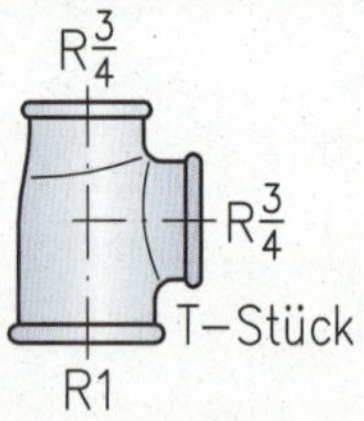

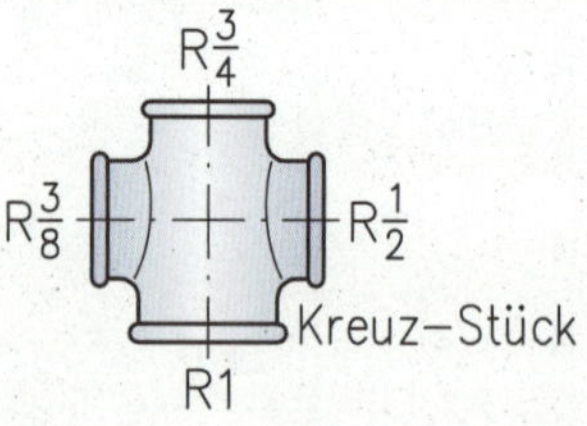

_______________ _______________ _______________

C. Dichtungsmittel

Die Gewindeflanken geschnittener Gewinde können rau sein. Dichtungsmittel gleichen dies aus.
Welche Eigenschaften müssen Dichtungsmittel haben?

In Trinkwasserleitungen: _______________. In Gasleitungen: _______________

Verwendet werden: 1. _______________ mit _______________

2. _______________ (Kunststoffe aus Silikon, z. B. _______________)

D. Fehler bei Verschraubungen

1. Zu lang geschnittenes Gewinde → _______________
2. Zu kurz geschnittenes Gewinde → _______________
3. Falsches Aufbringen des Hanfes oder Dichtungsbandes → _______________
4. Starkes Verletzen der verzinkten Oberfläche → _______________

A. Aufbau einer Schweißanlage

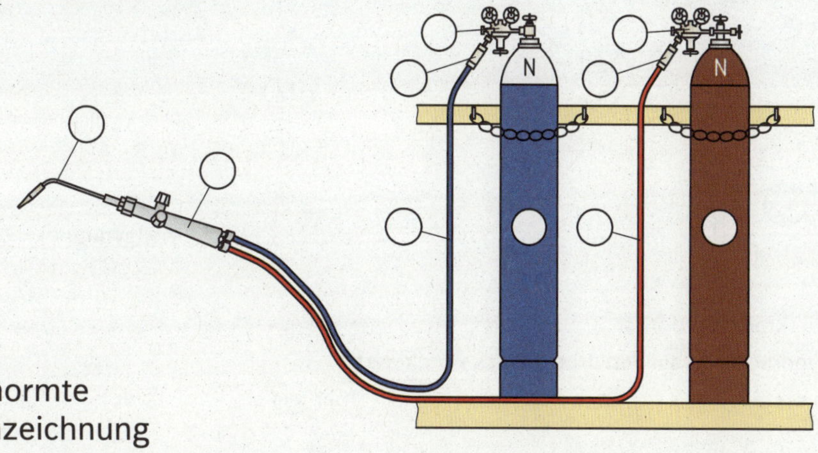

N = neue genormte Farbkennzeichnung

① ____________________

② ____________________

③ ____________________

④ ____________________

⑤ ____________________

⑥ ____________________ (blau)

⑦ ____________________ (rot)

⑧ ____________________

B. Schweißgase und Schweißflaschen

Beim Gasschmelzschweißen werden die zu verbindenden Metalle durch eine Gasflamme (3 200 °C) zum Schmelzen gebracht. Zum Speichern der Schweißgase dienen Flaschen aus Stahl.

____________________ (C_2H_2)

ist ein brennbares Gas. Es wird aus Kalziumkarbid und Wasser hergestellt.

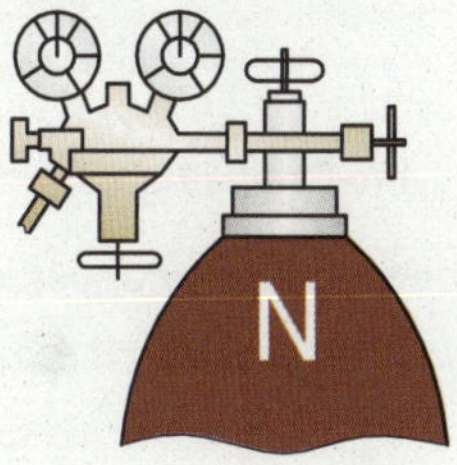

Kennfarbe

Bisher: __________

Neu: Flaschenmantel und Flaschenschulter

____

Acetylen explodiert bei einem Druck von über 2 bar. Dies wird verhindert, wenn das Acetylen in Aceton gelöst wird. Damit möglichst viel Gas vom Aceton aufgenommen werden kann, wird die Oberfläche der Flüssigkeit vergrößert; dazu dient die poröse Flaschenauskleidung.

Flascheninhalt = ______ oder ______ l

Fülldruck = ______ – ______ bar

Acetylenmenge = 6 000 l

Flaschenklang: __________

Handradform: __________

Anschluss: __________

____________________ (O_2)

ist ______ brennbar, fördert aber die Verbrennung. Gewonnen wird er durch Verflüssigung aus der

______.

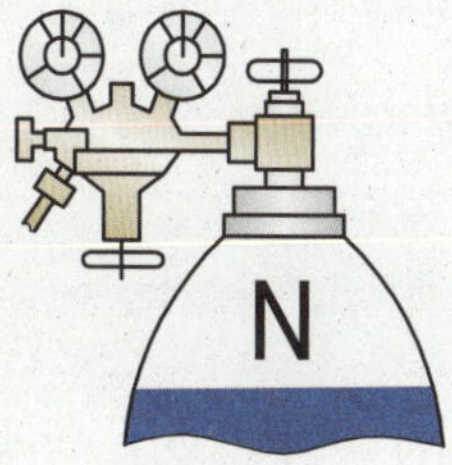

Kennfarbe

Bisher: __________

Neu: Flaschenmantel ______,
und Flaschenschulter

____

Normalflasche

Flascheninhalt = ______ l

Fülldruck = ______ bar

Sauerstoffmenge = ______ l · ______ bar = ______ l

Leichtstahlflasche

Flascheninhalt = ______ l

Fülldruck = ______ bar

Sauerstoffmenge = ______ l · ______ bar = ______ l

Flaschenklang: __________

Handradform: __________

Anschluss Überwurfmutter: __________

Bildnachweis: Di Gaspare, Michele (Bild und Technik Agentur für technische Grafik und Visualisierung)

C. Druckminderventil (Druckminderer) und Rückschlagsicherung

Wie heißen die bezifferten Teile?

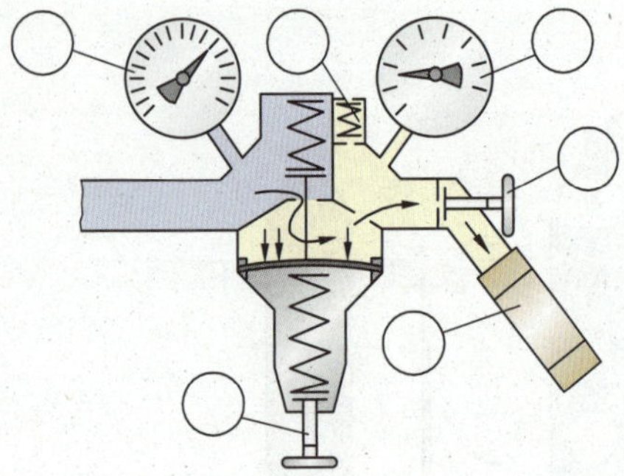

① ______

② ______

③ ______ für den

______

④ ______

⑤ ______

⑥ ______

(Sicherheitsvorlage)

Aufgabe des Druckminderventils:

Der hohe Flaschendruck wird auf den Arbeitsdruck vermindert.

Arbeitsdruck Sauerstoff: ______ bar, Acetylen: ______ bar, bis ______ bar.

Aufgabe der Rückschlagsicherung:

______

D. Schweißbrenner

Ordnen Sie die Zahlen den Bauteilen zu.
Zeichnen Sie die Gasdurchgänge (Sauerstoff blau, Acetylen gelb) ein.

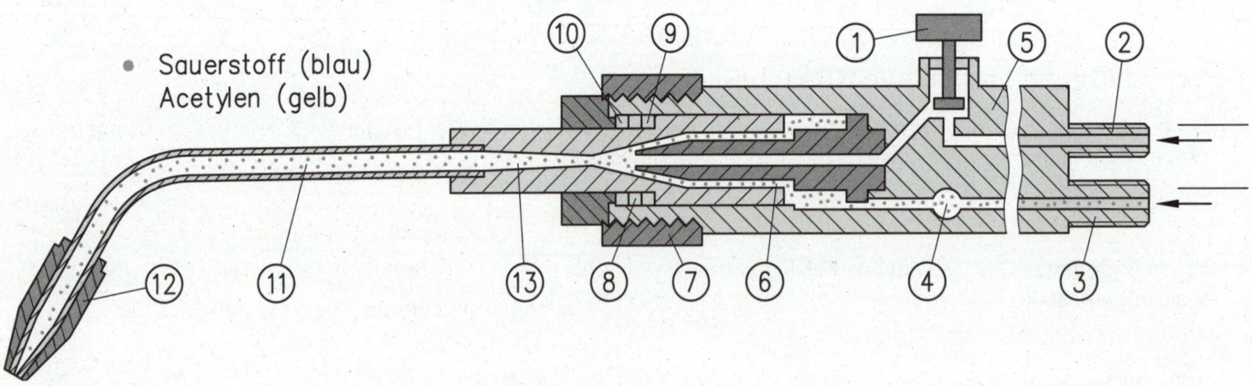

- ◯ Überwurfmutter
- ◯ Sauerstoffventil
- ◯ Acetylenventil
- ◯ Mischdüse
- ◯ Schlauchanschluss (Sauerstoff)
- ◯ Mischrohr
- ◯ Griffrohr
- ◯ Dichtung
- ◯ Druckdüse
- ◯ Schlauchanschluss (Acetylen)
- ◯ Cu-Zn-Druckring
- ◯ Schweißdüse (Mundstück)
- ◯ Sprengring

Arbeitsweise des Saug- oder Injektorbrenners:

______

______

Wonach richtet sich die Wahl des Schweißeinsatzes?

______

E. Schweißdraht

Gebräuchliche Durchmesser: ______

Länge: ______

Korrosionsschutz: Durch ______

Metallbautechnik	Datum:	**Herstellen von einfachen Baugruppen** Gasschmelzschweißen	Lernfeld 3
Name:	Klasse:		4

F. Vorbereitung

Welche Tätigkeiten sind vor Schweißbeginn erforderlich?

1. ___
2. ___
3. ___
4. ___
5. ___
6. ___

Geben Sie die Reihenfolge beim Abstellen der Flamme an.

___

G. Schweißflamme

Flammenbild	Flammeneinstellung	Flammenkegel	Werkstoffe Nahteigenschaften
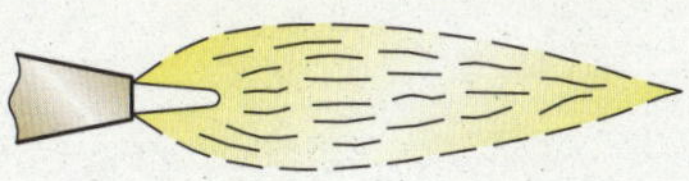	Neutrale Flamme Mischungsverhältnis ___ : ___	___ und ___ begrenzt.	Zum Schweißen von ___.
	Überschuss an ___	___, ___ und ___ begrenzt.	Die Naht nimmt ___ auf; sie wird ___.
	Überschuss an ___	___, ___, ___.	Die Naht nimmt ___ auf; sie wird ___.

H. Schweißrichtung

1. ___ -Schweißen

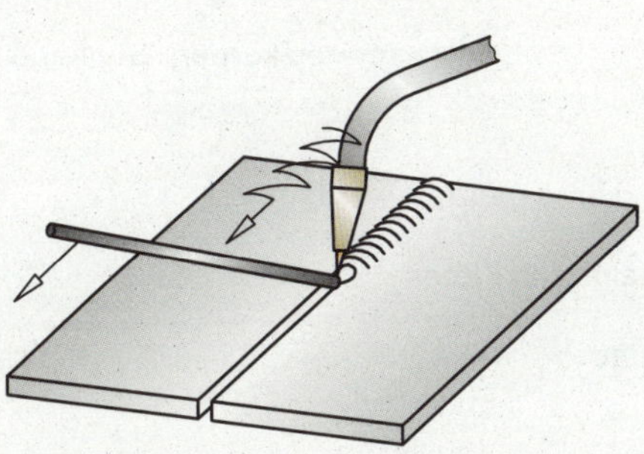

Der Brenner wird von ___ nach ___ geführt.

Für Werkstoffe bis ___ mm Dicke.

___ Brennerführung

___ Schweißdrahtführung

2. ___ -Schweißen

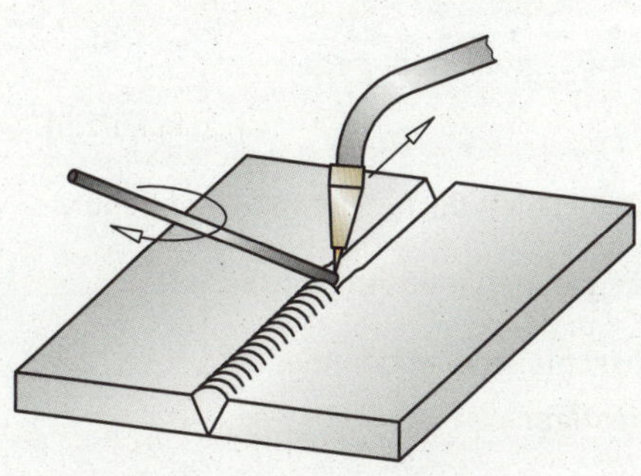

Der Brenner wird von ___ nach ___ geführt.

Für Werkstoffe über ___ mm Dicke.

___ Brennerführung

___ Schweißdrahtführung

I. Nahtarten

Aufgabe:
Benennen Sie die skizzierten Schweißnähte.
Ergänzen Sie die räumlichen Darstellungen durch Schweißsinnbilder.

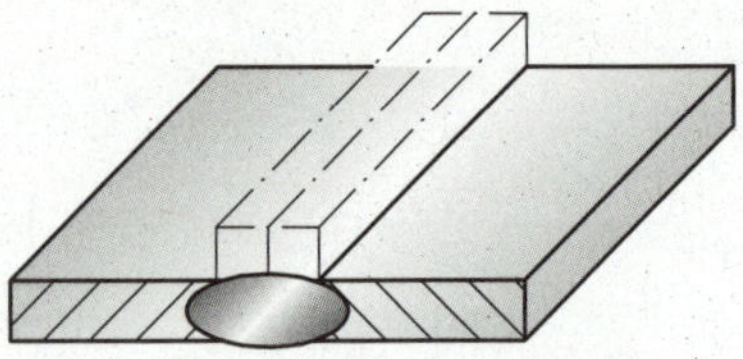

_______ -Naht (___)

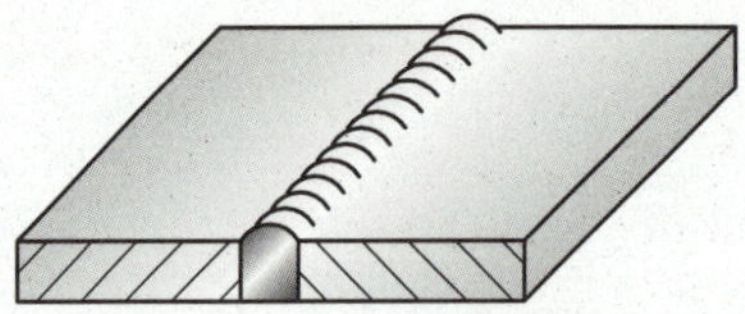

_______ -Naht (___)

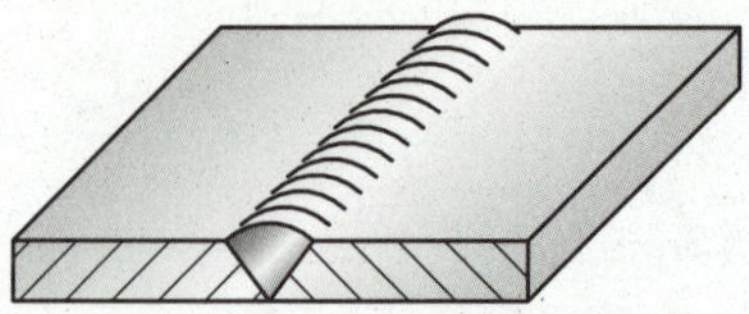

_______ -Naht (___)

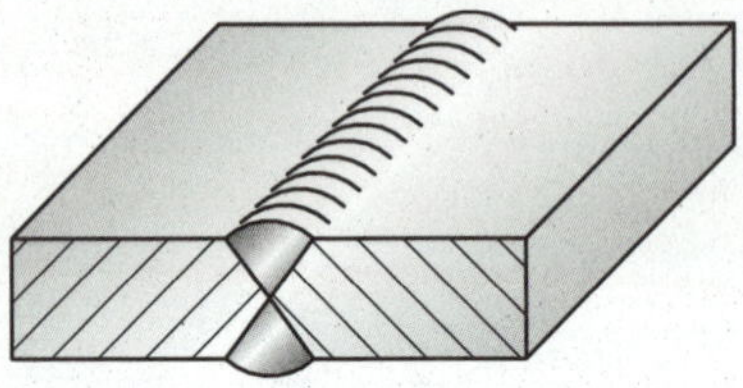

_______ -Naht (___)

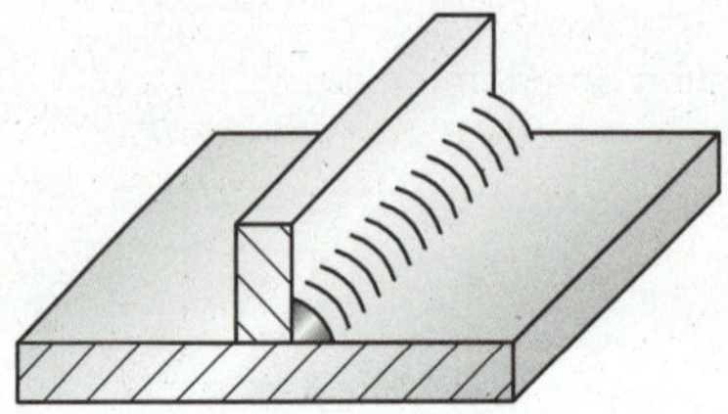

_______ -Naht (___)

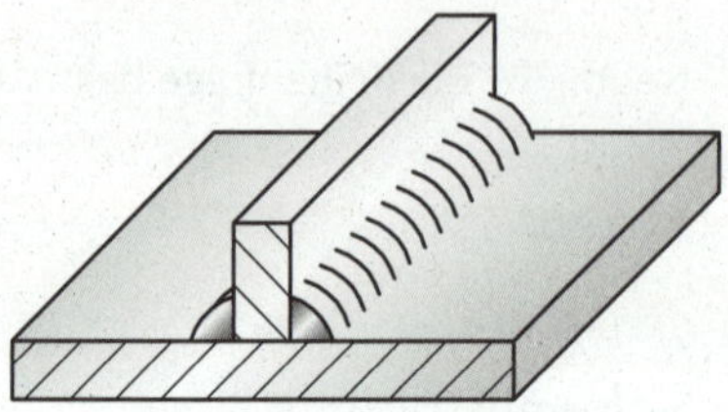

_______ -Naht (___)

J. Unfallverhütung

1. Der Acetylenarbeitsdruck darf höchstens ___ bar betragen.
2. Aus einer liegenden Acetylenflasche darf kein Gas entnommen werden (Auslaufen von Aceton).

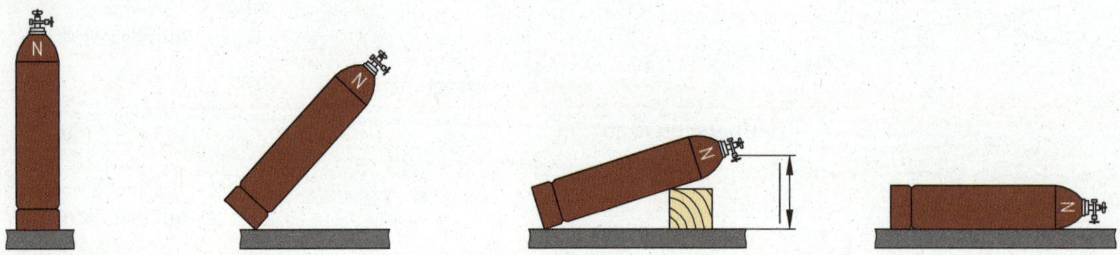

Ausnahme:
Aus Acetylenflaschen mit einem _______ Farbring am Flaschenhals darf auch liegend Gas entnommen werden.

3. Sauerstoffflaschen sind ___ - und ___ -frei zu halten (Explosionsgefahr).
4. Gasflaschen dürfen nicht _______ oder liegend _______ werden.
5. Gasflaschen sind gegen _______ , _______ (z. B. Heizkörper, Sonneneinstrahlung) und _______ (– °C) zu schützen.
6. Gasflaschen dürfen nur mit einer Schutz- _______ transportiert werden.
7. Gasflaschen müssen gegen _______ gesichert sein (z. B. Ketten).
8. Gasschläuche sind immer mit _______ oder _______ zu befestigen.
9. Beim Schweißen ist die Schweiß-Schutz- _______ zu verwenden.
10. In geschlossenen Räumen müssen schädliche Schweißgase _______ werden.
11. Vor dem Schweißen sind brennbare oder explosionsfähige Stoffe im Arbeits- _______ zu entfernen (z. B. Gasfeuerzeug aus Kunststoff).

Einfache Schweißnahtdarstellung

Eine Schweißnahtdarstellung besteht aus Pfeillinie, Bezugsvolllinie und Gabel.

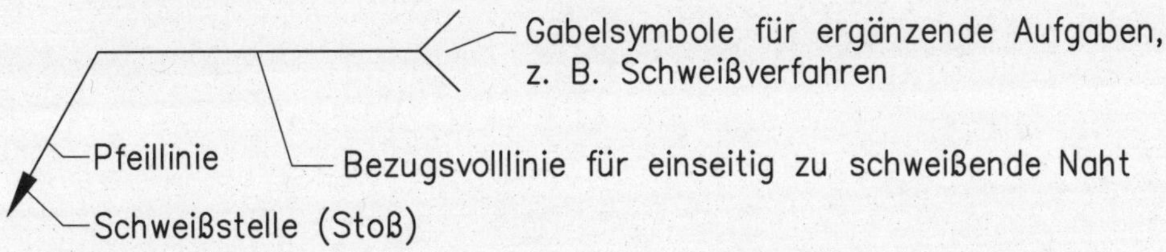

1. Aufgabe: Die beiden Flachstähle sollen durch eine durchgehende Kehlnaht verbunden werden. Schweißverfahren: Lichtbogenhandschweißen

Vervollständigen Sie die Schweißnahtdarstellung.

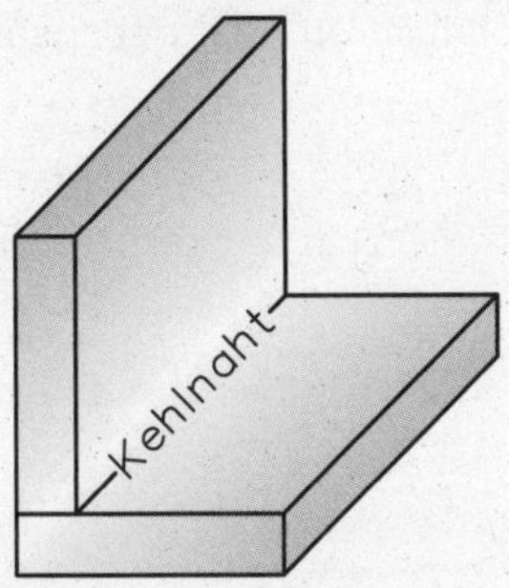

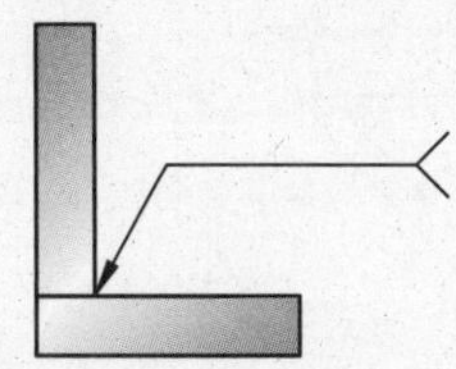

Eine Schweißnahtdarstellung kann durch eine Bezugsstrichlinie ergänzt werden. Sie kann über oder unter der Bezugsvolllinie liegen.

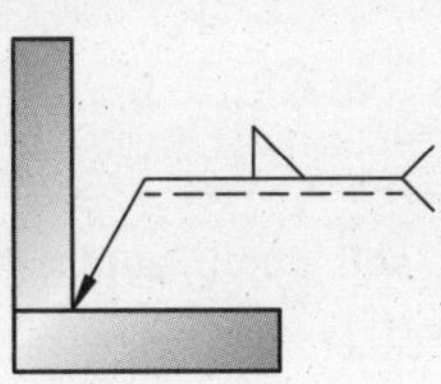

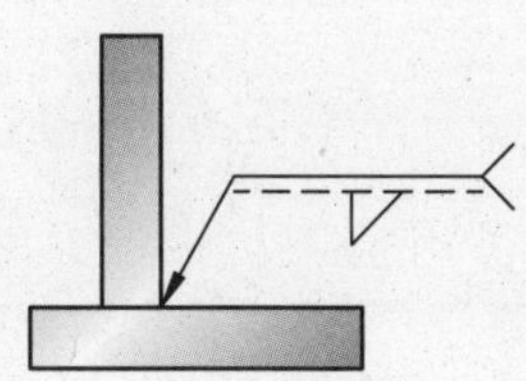

Die Kehlnaht befindet sich

____

____

Die Kehlnaht befindet sich

____

____

2. Aufgabe: Zwei Flachstähle sollen durch eine V-Naht auf der Baustelle gefügt werden. Schutzgas-Schweißverfahren: Metall-Aktiv-Gasschweißen (MAG)

Vervollständigen Sie die Schweißnahtdarstellung.

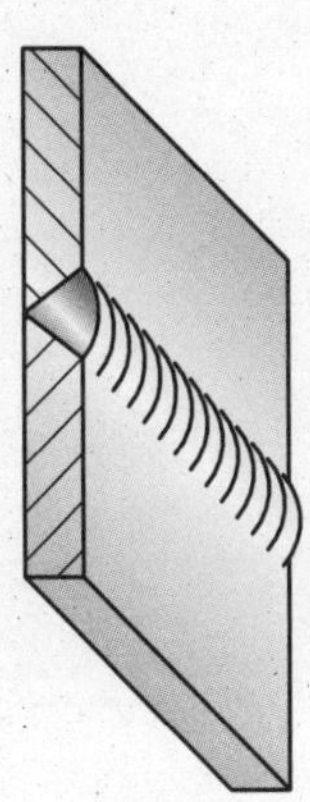

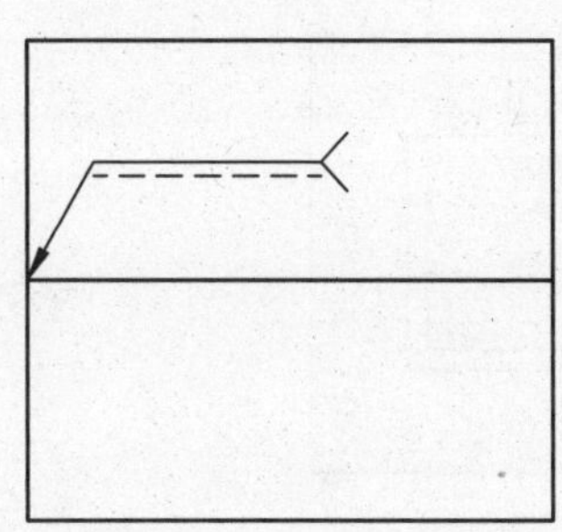

Bildnachweis: Di Gaspare, Michele (Bild und Technik Agentur für technische Grafik und Visualisierung)

3. Aufgabe:

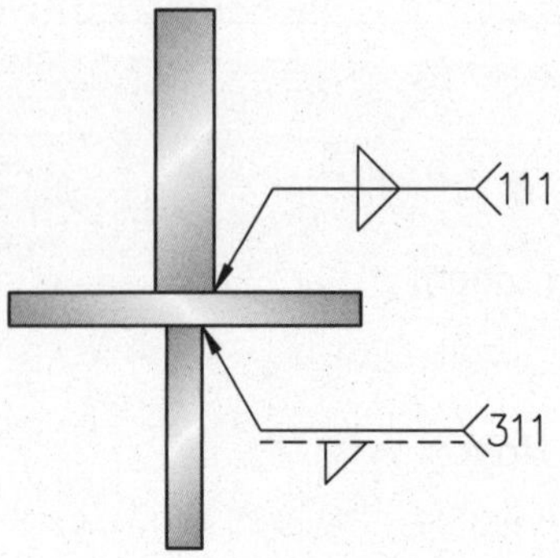

Das skizzierte Werkstück wird durch zwei verschiedene Schweißverfahren verbunden.

Welches Schweißverfahren wird durch die Zahl 311 angegeben?

Zeichnen Sie die Schweißnähte bildlich in die nebenstehende Skizze ein.

4. Aufgabe:

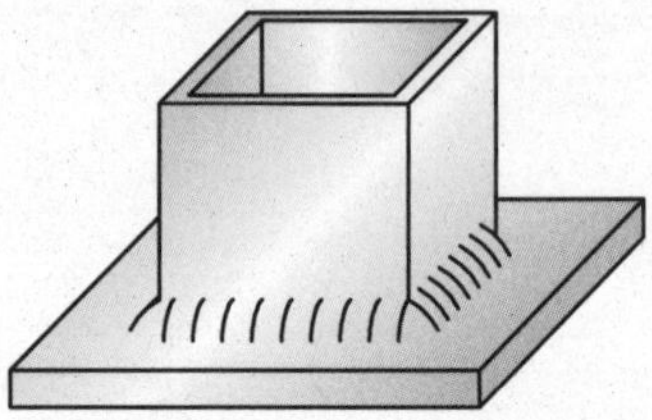

Die ringsum verlaufende Naht soll durch autogenes Gasschmelzschweißen hergestellt werden.

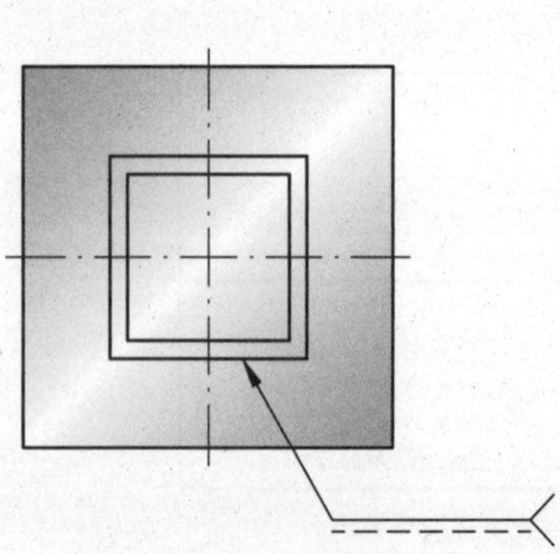

Ergänzen Sie die Schweißangaben in der Draufsicht.

Metallbautechnik	Datum:	Herstellen von einfachen Baugruppen	Lernfeld 3
Name:	Klasse:	Druck	5

Der 700 cm^2 große Abschlussdeckel eines Druckbehälters wird mit der Kraft von 56 000 N belastet. Welcher Druck (in N/cm^2 und in bar) herrscht im Behälter?

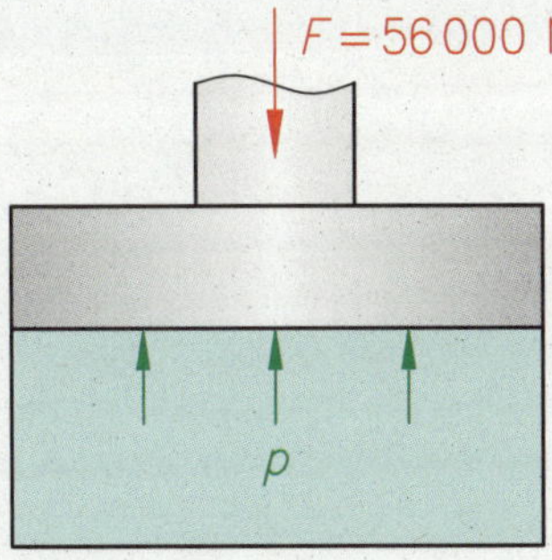

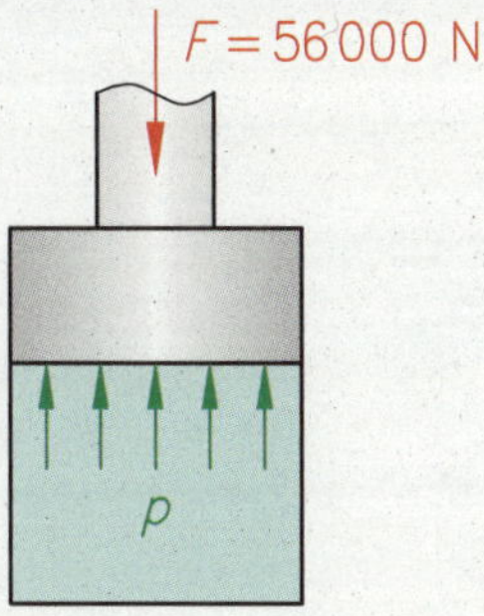

Bei gleicher Kraft *F*

und großer Fläche *A* ist der Druck *p* ________.

und kleiner Fläche *A* ist der Druck *p* ________.

Geg.: ________________

Ges.: ______

Auf _____ cm^2 ⟶ _____ N

auf _____ cm^2 ⟶ _____ = _____

p = _____ (_____) _____ in _____ / _____ in _____

In Flüssigkeiten und Gasen wird als Druckeinheit auch häufig „bar“ verwendet.

$10\ N/cm^2 = 1\ bar$ *p* = _____ bar

1. Aufgabe: Die Feder eines Sicherheitsventils übt eine Kraft von 80 N aus. Der wirksame Durchmesser des Ventils ist 20 mm.
Bei wie viel bar öffnet das Sicherheitsventil?

Bildnachweis: Di Gaspare, Michele (Bild und Technik Agentur für technische Grafik und Visualisierung)

2. Aufgabe: Der Arbeitskolben einer hydraulischen Richtpresse hat 80 mm Durchmesser. Beim Richten von verzogenen Profilstählen wird ein Druck von 20 bar erzeugt.
Mit welcher Kraft (in kN) wird ausgerichtet?

3. Aufgabe: Der Warmwasserbereiter im Waschraum einer Werkstätte wird mit einem maximalen Druck von 6 bar betrieben.
Wie viele Schrauben benötigt man für den Reinigungsdeckel mit 400 mm Durchmesser wenn eine Schraube mit 3 140 N beansprucht werden darf?

4. Aufgabe: Der Blindstopfen in einer Druckluftanlage muss die Belastung von 425 N bei 6 bar Betriebsdruck aufnehmen.
Wie groß (in cm^2) darf die Fläche des Stopfens höchstens sein und wie groß ist dann sein Durchmesser (in mm)?

40 l Luft mit Atmosphärendruck werden auf 10 l verdichtet.
Welcher Druck (in bar) stellt sich dabei ein?

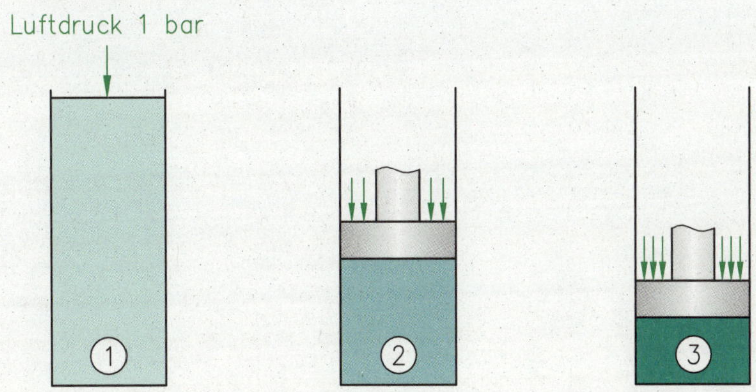

V_1 = 40 l | V_2 = 20 l | V_3 = 10 l

p_1 = ______ bar | p_2 = ______ bar | p_3 = ______ bar

__________ = __________ = __________

__________ = __________ = __________

______ = ______ = konstant (Gesetz von Boyle-Mariotte)

Bei Gasen wird stets mit dem __________ Druck gerechnet.

Man unterscheidet:
Absoluter Druck: p ______
Positiver Überdruck (früher Überdruck): p ______, z. B. p ______ = 2,5 bar
Negativer Überdruck (früher Unterdruck): p ______, z. B. p ______ = −0,4 bar
Luftdruck, Atmosphärendruck, Normaldruck: p ______, er wird in der Technik mit 1 bar angenommen.
Absoluter Druck = ____________________

p_{abs} = ______ (bar)

1. Aufgabe: In einem Behälter von 80 l Rauminhalt wird Gas mit 4 bar positivem Überdruck eingefüllt.
Wie viel Liter Gas können im Behälter gelagert werden?

2. Aufgabe: Mit welchem positiven Überdruck muss Luft in einen Behälter gepresst werden, wenn dieser ein Volumen von 4 m^3 hat und 30 m^3 Luft aufnehmen soll?

3. Aufgabe: 6 000 l Sauerstoff werden auf 120 bar absoluten Druck komprimiert.
Auf welchen Raum (in dm^3) wird der Sauerstoff verdichtet?

4. Aufgabe: In einer Stahlflasche mit 50 l Volumen befindet sich Sauerstoff mit p_e = 103 bar.
Welchen Raum nimmt der Sauerstoff bei Normaldruck ein?

Metallbautechnik	Datum:	Herstellen von einfachen Baugruppen	Lernfeld 3
Name:	Klasse:	Sauerstoffverbrauch beim Gasschmelzschweißen	7

Bei einer Schweißarbeit sank der Druck am Inhaltsmanometer einer 50-Liter-Sauerstoffflasche von 200 auf 170 bar.

a) Wie viel Liter Sauerstoff waren in der gefüllten Flasche?

b) Wie viel Liter wurden verbraucht?

a) **Füllvolumen** V

Flaschenvolumen V_{Fl}:

Fülldruck p:

Füllvolumen V:

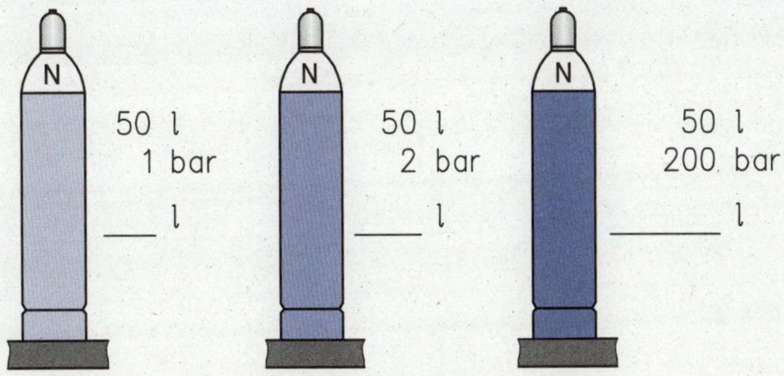

Je 1 bar Druckerhöhung nimmt das Füllvolumen um ______ l zu = ______

Bei 2 bar ⟶ ______ = ______ l

Bei 200 bar ⟶ ______ = ______ l

V = ______	(l)

p in ______

V_{Fl} in ______

Übliche Sauerstoffflaschen	Flaschenvolumen V_{Fl}	Fülldruck p
Leichtstahlflasche	______	______
Normalflasche	______	______

b) **Sauerstoffverbrauch** ΔV

Je 1 bar Druckabfall nimmt das Sauerstoffvolumen um ______ l ab = ______

Bei 3 bar ⟶ ______ = ______ l

bei ______ bar ⟶ ______ = ______ l

ΔV = ______	(l)

Δp in ______

V_{Fl} in ______

1. Aufgabe: Berechnen Sie das Füllvolumen (in l) einer Normalflasche.

Bildnachweis: Di Gaspare, Michele (Bild und Technik Agentur für technische Grafik und Visualisierung)

2. Aufgabe: Bei einer Schweißarbeit sank der Druck am Inhaltsmanometer einer Sauerstoff-Leichtstahlflasche von 184 auf 116 bar.
Wie viel Liter Sauerstoff wurden verbraucht?

3. Aufgabe: Das Inhaltsmanometer einer Normalflasche Sauerstoff zeigt 102 bar an.
Berechnen Sie den neuen Manometerstand, wenn für eine Schweißarbeit 1,2 m^3 entnommen wurden.

4. Aufgabe: In einer Normalflasche Sauerstoff sank der Druck während einer Brennschneidarbeit von 84 auf 60 bar.
Wie viel Liter Sauerstoff wurden verbraucht? Wie viel Liter sind noch in der Flasche?

a) Eine Acetylenflasche enthält 15 l Aceton und wurde mit 16 bar Druck gefüllt.
Wie viel Liter Acetylen befinden sich in der Flasche?

b) Beim Schweißen sank der Druck in dieser Flasche von 16 auf 13 bar.
Wie viel Liter Acetylen wurden verbraucht?

a) **Füllvolumen** *V*
Wird Acetylen über ______ bar verdichtet, explodiert es. Dies wird verhindert, wenn das Acetylengas in ______ gelöst wird. 1 l dieser Flüssigkeit nimmt bei 1 bar Druck 25 l Acetylengas auf.

Für 40-Liter-Flaschen gilt:
Fülldruck: 15 bis 19 bar
Acetonmenge: 13 bis 16 l

1 l Aceton löst bei 1 bar → ______ l Acetylen
______ l Aceton lösen bei 1 bar → ______ l Acetylen
______ l Aceton lösen bei ______ bar → ______ = ______ l

b) **Acetylenverbrauch** ΔV

Bei 16 bar Druckunterschied → ______ l Acetylen

Bei 1 bar Druckunterschied → ______ l Acetylen

Bei ______ bar Druckunterschied → ______ = ______ l

$\Delta V =$ ______ (l)

V in ______
Δp in ______
p in ______

1. Aufgabe: Der Fülldruck einer Acetylenflasche beträgt 18 bar, das Füllvolumen 6 200 l.
Wie viel Liter wurden verbraucht, wenn der Druck von 11 auf 3,8 bar abfiel?

2. Aufgabe: Vor dem Schweißen zeigt das Manometer einer mit 6 000 l Acetylen gefüllten Normalflasche 11 bar an, nach dem Schweißen 3,8 bar. Der Fülldruck war 15 bar.

a) Wie viel Liter Acetylen wurden verbraucht?

b) Wie viel Liter sind noch in der Flasche?

3. Aufgabe: Aus einer Acetylenflasche wurden 1 800 l entnommen.
Um wie viel bar sinkt der Flaschendruck, wenn der Fülldruck 17 bar und das Füllvolumen 6 000 l betrugen?

4. Aufgabe: Bei einer Leichtstahlflasche Sauerstoff sank der Druck von 52 auf 16 bar. Das Mischungsverhältnis Sauerstoff: Acetylen war 1 : 1.
Berechnen Sie den Druckabfall (in bar) bei einer Acetylenflasche mit 5 600 l Füllvolumen und 14 bar Fülldruck.

Für ein 5 mm dickes Bauteil aus Stahlblech wurden beim Gasschmelzschweißen 1 360 l Sauerstoff verbraucht.
a) Wie viel Meter Schweißnaht konnten damit hergestellt werden?
b) Wie lang (in Stunden, Minuten) dauert die reine Schweißarbeit?

Gasverbrauch und Schweißzeit hängen von der ________ des Stahlblechs und damit von der ________-Größe ab:

Stahlblechdicke (mm)			0,5–1	1–2	2–4	4–6	6–9	9–14	14–20
Brennergröße			1	2	3	4	5	6	7
Sauerstoff- bzw.	(1 : 1)	K_l (l/m)	15	30	70	170	280	550	1 000
Acetylenverbrauch		K_t (l/h)	80	160	315	500	800	1 250	1 800
Schweißgeschwindigkeit v (mm/min)			100	80	65	50	40	35	25

Geg.: ________

Ges.: a) ________ b) ________

a) Mit ________ l Sauerstoff → ________ m,

mit ________ l Sauerstoff → ________ m,

mit ________ l Sauerstoff → ________ = ________ m

$l =$ ________ (m) ΔV in ________ K_l in ________

b) Mit ________ l → ________ h

mit ________ l → ________ h,

mit ________ l → ________ = ________ h = ________ h ________ min

$t =$ ________ (h) ΔV in ________ K_t in ________

Die Schweißzeit kann aber auch mit der Schweiß- ________ berechnet werden:

50 mm → 1 min,

1 mm → ________ min,

________ mm → ________ = ________ min = ________ h ________ min

$t =$ ________ (min) l in ________ v in ________

1. Aufgabe: Mit einem Brennereinsatz der Größe 3 wird 2 h geschweißt.

a) Um wie viel bar sinkt der Druck in einer Normalflasche Sauerstoff?

b) Wie viel Meter Schweißnaht können hergestellt werden?

2. Aufgabe: Für das Warmrichten von Trägern wurden ein Brennereinsatz der Größe 6 und eine Normalflasche Sauerstoff verwendet. Der Brenner war 1 h 6 min in Betrieb.
Berechnen Sie den Druckabfall.

3. Aufgabe: Ein Schneidbrenner verbraucht stündlich 2 700 l Sauerstoff. Getrennt wird 24 min mit einer Geschwindigkeit von 650 mm/min.

a) Wie viel Liter Sauerstoff wurden verbraucht?

b) Um wie viel bar sinkt der Flaschendruck in einer Leichtstahlflasche?

c) Wie lang (in mm) ist der Schnitt?

Metallbautechnik	Datum:	Herstellen von einfachen Baugruppen	Lernfeld 3
Name:	Klasse:	Grundlagen des Lötens	10

A. Lötvorgang

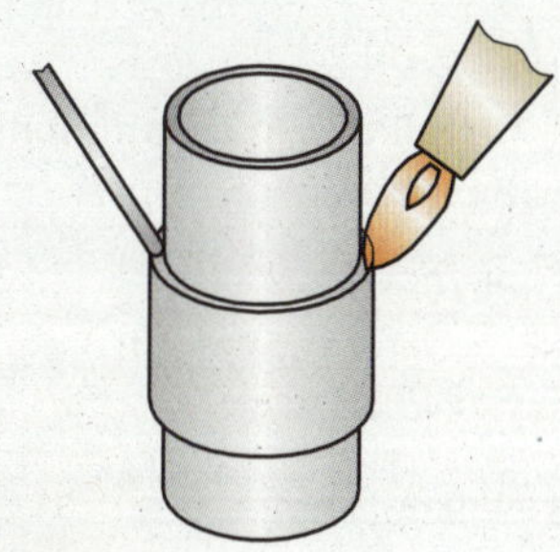

Beim Löten werden gleiche oder verschiedene Metalle durch Zufuhr von Wärme verbunden.
Als Zusatzmittel dienen leicht schmelzende Metalle.
Wie werden diese bezeichnet?

B. Voraussetzungen und Arbeitsregeln

Geben Sie anhand der Skizzen die Voraussetzungen und Arbeitsregeln beim Löten an.

1.

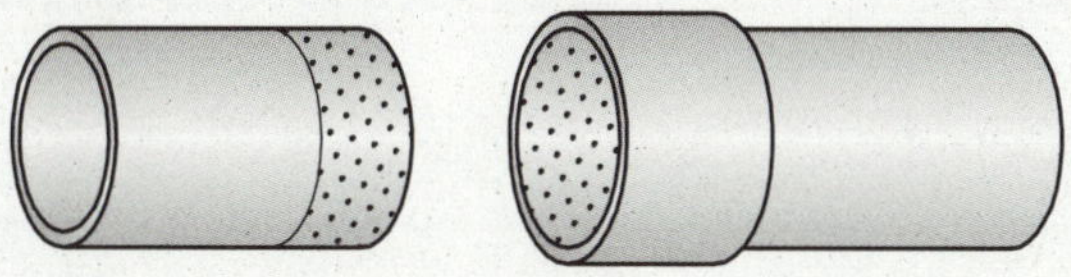

2.

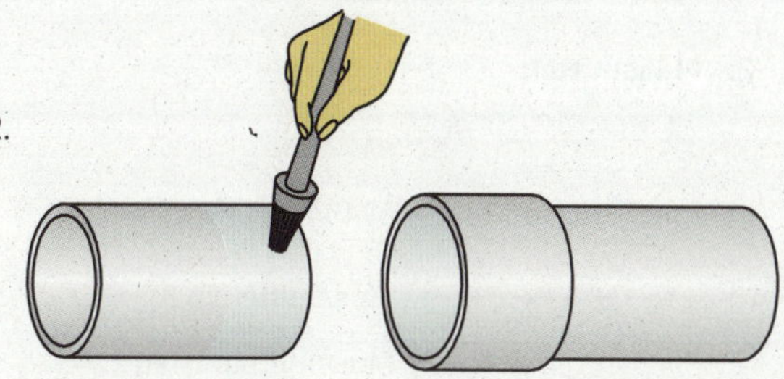

3.

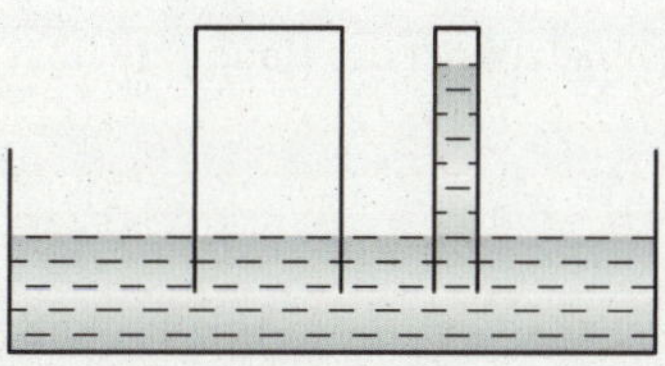

In sehr engen Röhrchen oder Spalten steigen Flüssigkeiten selbsttätig hoch. Diese Erscheinung heißt Kapillarwirkung.

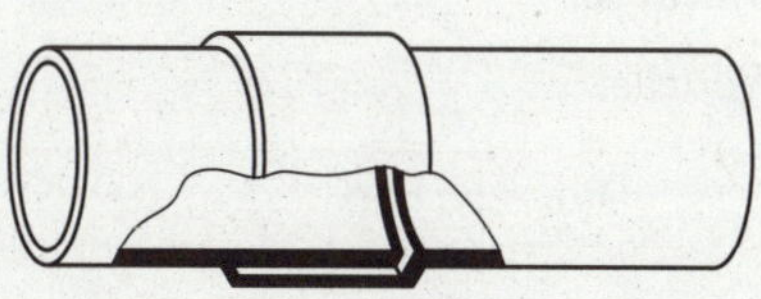

4.

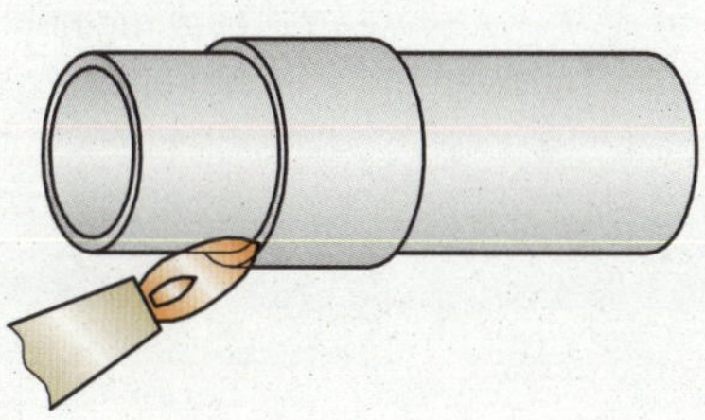

5.

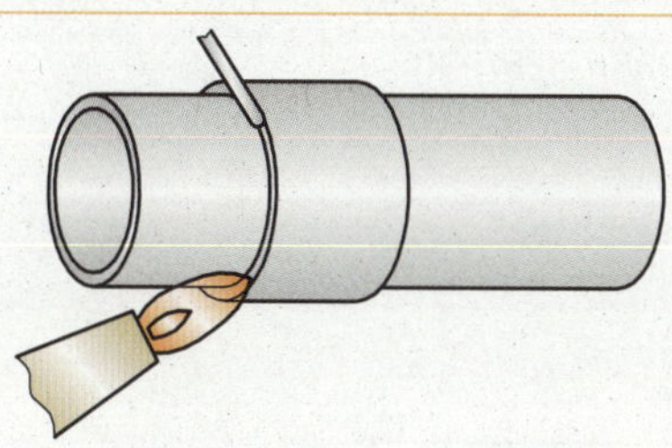

6. Während des Erstarrungsvorgangs die Lötstelle nicht erschüttern.
7. Flussmittel von der Lötstelle entfernen (Korrosionsgefahr).
8. Schutzkleidung und Brille tragen, für Belüftung sorgen.

C. Vorgänge auf der Lötoberfläche

1. Breitet sich das Lot nur langsam auf der Lötoberfläche aus, findet eine erneute Oxidation statt. Außerdem wird dadurch die Kapillarwirkung verschlechtert. Für eine gute Lötverbindung ist daher das rasche Ausbreiten (= Benetzung) des flüssigen Lots wichtig.

2.

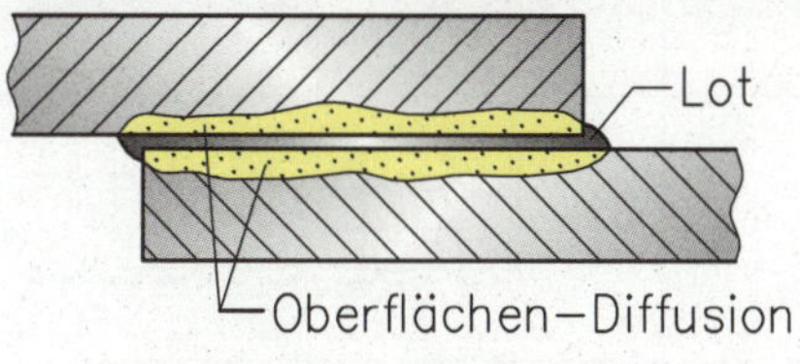

Beim Löten dringt das flüssige Lot in die Lötoberfläche ein (= Diffusion) und bildet mit dem zu lötenden Werkstoff eine Legierung.

Weich- und Hartlöten

A. Weichlöten

1. **Weichlote:** ______ Schmelzpunkt der Hauptlote unter ______ °C.

Kurzzeichen DIN EN (Auswahl)	Zusammensetzung	Schmelzbereich in °C	Anwendung
S-Pb70Sn30			Zinkblechlötungen (Bauklempnerei)
S-Sn95Ag5			Kalt- und Warmwasserinstallation
S-Sn96Ag4			Kupfer- und Edelstahlrohre

2. **Flussmittel:** ______

Beispiel: Flussmittel EN 29454 – 3.1.2.C

3. 1. 2. C

- 3. → Flussmitteltyp 3: ______
- 1. → Flussmittelbasis 1: ______
- 2. → Flussmittelaktivator 2: ______
- C → Flussmittelart C: ______

3. **Wärmequellen:** ______

B. Hartlöten

1. **Hartlote:** ______ Schmelzpunkt der Hauptlote über ______ °C.

Vorteile: ______

Kurzzeichen DIN EN (Auswahl)	Zusammensetzung	Anwendung
B-Cu92PAg-645/825		Kupferlötung
B-Cu88Sn-825/990		allgemeiner Metallbau

2. **Flussmittel:** ______

F H 20

- F → F ______
- H → H ______ für Schwermetalle, L = Hartlöten für Leichtmetalle
- 20 → Kennzahl für ______ z. B. 750–1 000 °C

3. **Wärmequellen:** ______

C. Gestaltungsregeln

Streichen Sie die nicht fachmännisch ausgeführten Lötverbindungen durch.

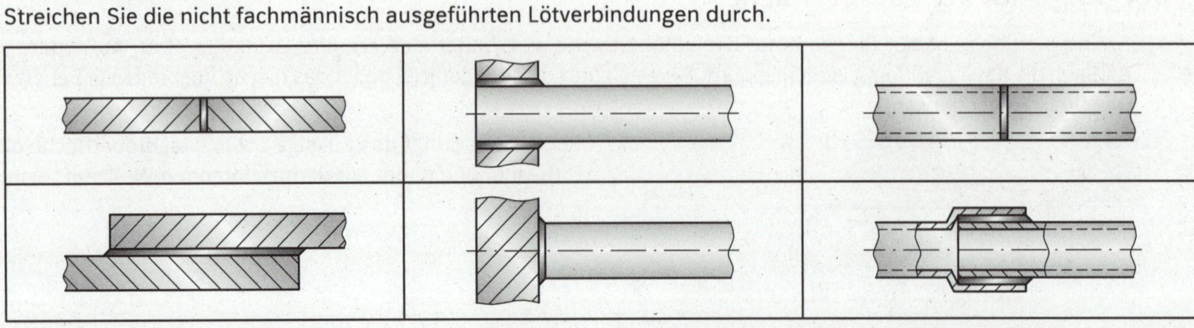

Genormte Lötsymbole

A. Kennzahlen für das Löten

Entnehmen Sie die fehlenden Kennzahlen aus dem Tabellenbuch.

Kennzahl	Weichlötverfahren
______	Weichlöten (Verfahren frei wählbar)
______	Flamm-Weichlöten
______	Kolben-Weichlötung

Kennzahl	Hartlötverfahren
______	Hartlöten (Verfahren frei wählbar)
______	Flamm-Hartlöten
______	Ofen-Hartlöten

B. Lötnähte

Darstellung	Benennung	Symbol
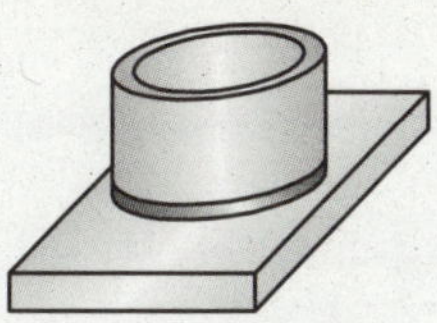 oder 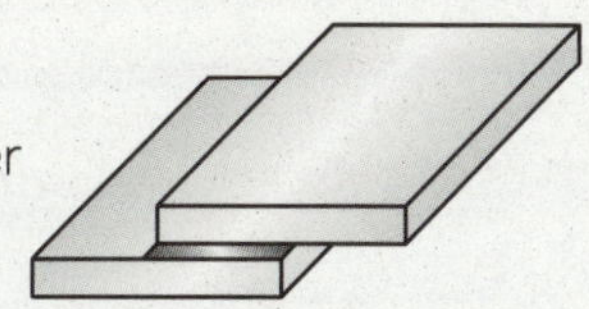	Flächennaht	
	Schrägnaht	

C. Darstellung der Lötnähte

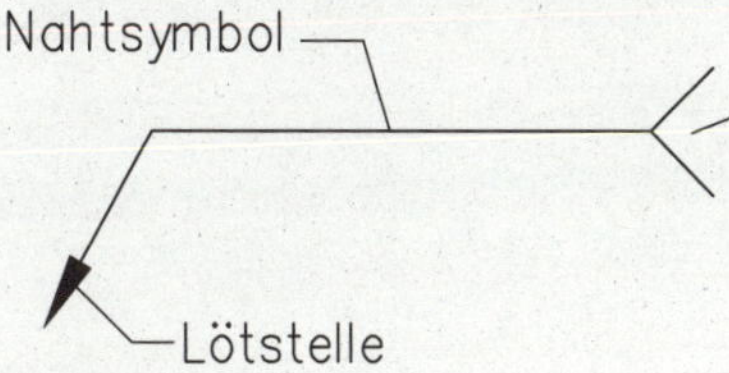

D. Aufgaben

1. Die beiden Kupferbleche sollen durch Weichlöten in waagerechter Position verbunden werden. Die Zusatzwerkstoffe finden Sie im Tabellenbuch unter DIN EN ISO 9453.

2. Das Stahlrohr soll durch Hartlöten in waagerechter Position mit dem Flachstahl gefügt werden. Dafür finden Sie die Zusatzwerkstoffe unter DIN EN ISO 17672 ebenfalls im Tabellenbuch.

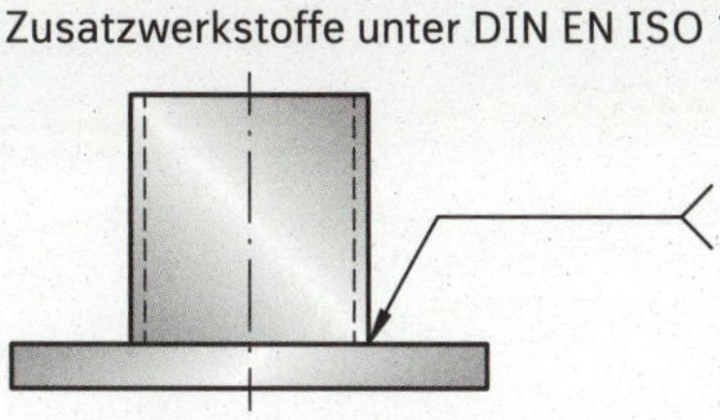

A. Fertigstellen des Blechkästchens aus Lernfeld 1 (siehe Arbeitsheft 74000)

Aufgabe: Verbinden Sie die Lötzugaben mit den Seitenwandungen durch Weichlöten.

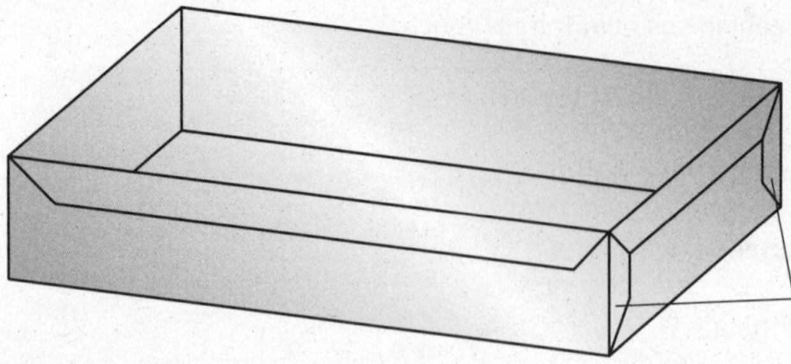

Geben Sie die Arbeitsschritte dazu an:

1.
2.
3.
4.
5.
6.

Für die nachfolgenden Lötübungen B und C können Werkstoffe und Maße vom Lehrer gewählt werden.

B. Weichlöten von Blechen

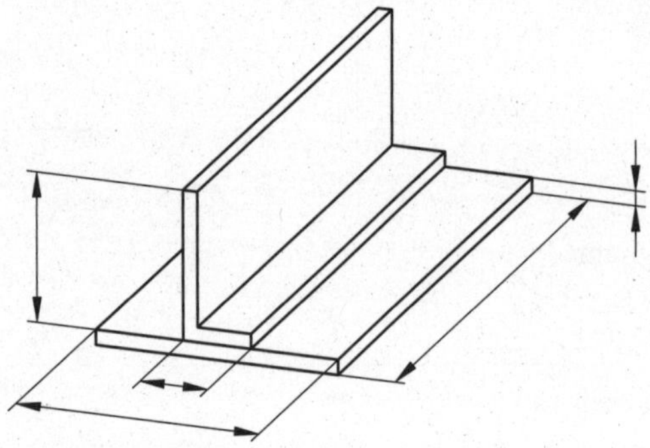

C. Hartlöten

Geben Sie die Regeln beim Hartlöten an.

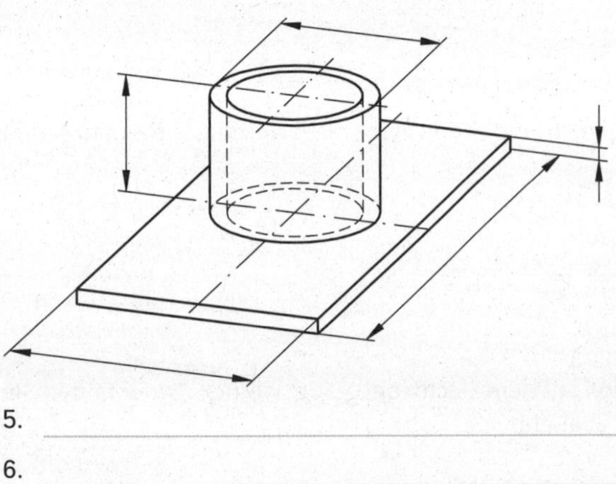

1.
2.
3.
4.
5.
6.
7.
8.
9.

Bildnachweis: Di Gaspare, Michele (Bild und Technik Agentur für technische Grafik und Visualisierung)

A. Beschreibung

Beim Metalllichtbogenschweißen, auch Elektroschweißen genannt, wird die nötige Wärme durch den elektrischen Lichtbogen zwischen Werkstück und Elektrode erzeugt. Die abschmelzende Elektrode bildet die Schweißraupe. Zum Schweißen kann Wechselstrom (~) oder Gleichstrom (===) verwendet werden. Für den elektrischen Lichtbogen wird eine kleine Spannung von 15 bis 50 V, jedoch eine große Stromstärke von 60 bis 1000 A benötigt. Deshalb muss der zur Verfügung stehende Strom mit 230 V oder 400 V Spannung durch Schweißmaschinen umgeformt werden.

B. Schweißausrüstung

Ordnen Sie die richtigen Ziffern den Ausrüstungsgegenständen zu.

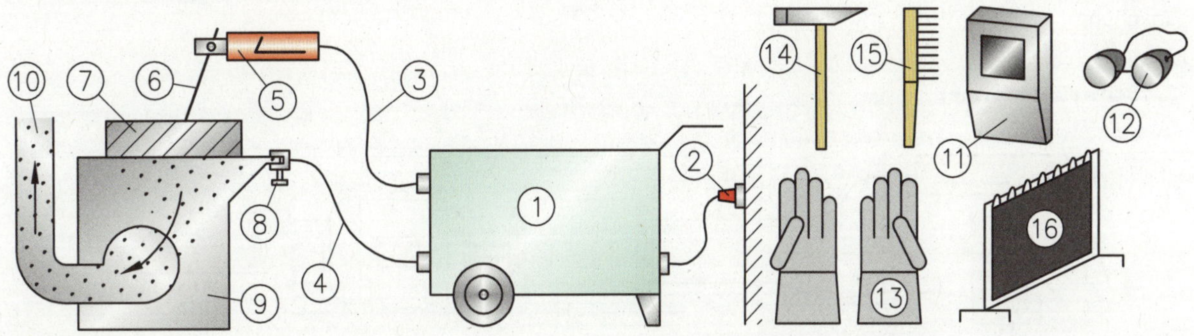

- ◯ Elektrodenhalter
- ◯ Werkstück
- ◯ Schweißmaschine
- ◯ Schweißtisch
- ◯ Stulpenhandschuhe
- ◯ Netzanschluss
- ◯ Schweißerschirm
- ◯ Stabelektrode
- ◯ Schweißgas-Absaugung
- ◯ Schweißstromkabel-Elektrode
- ◯ Schweißstromkabel-Werkstück
- ◯ Drahtbürste
- ◯ Schutzbrille (Schlackenentfernung)
- ◯ Schlackenhammer
- ◯ Polklemme
- ◯ Schutzwand

C. Schweißmaschinen

1. Schweißtransformator (Umspanner)

Ordnen Sie der Skizze zu.
Primärwicklung, Eisenkern, Sekundärwicklung, Streukern.

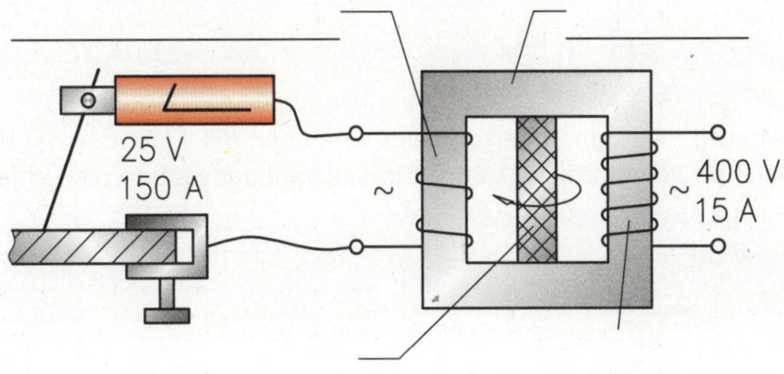

Schweißtransformatoren ändern die Spannung und die Stromstärke, nicht aber die Stromart. Welche elektrische Größe kann durch den verstellbaren Streukern stufenlos eingestellt werden?

____

Entnehmen Sie dem Tabellenbuch die Größen für

Leerlaufspannung ______ V,

Kesselschweißungen ______ V.

2. Schweißgleichrichter

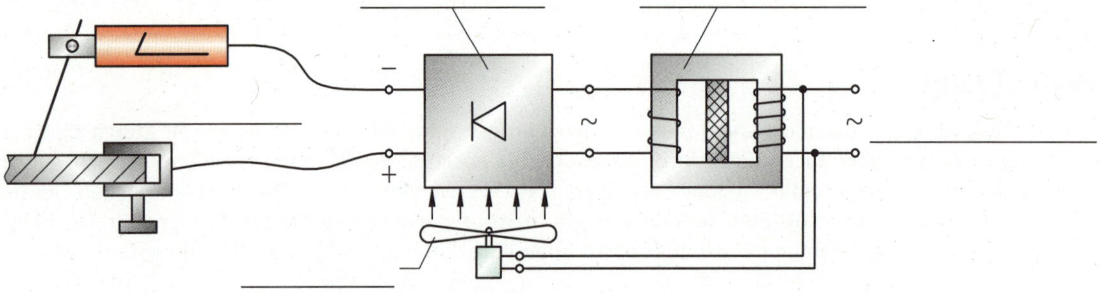

Der Schweißgleichrichter besteht aus einem Schweiß- ______________ und einem ______________, der erzeugt ______________ -Strom. Der Schweißgleichrichter besitzt – außer einem Ventilator zur ______________ – keine beweglichen Bauteile. Es entstehen deshalb fast keine Verluste durch Leerlauf oder Abnutzung. Geräte, die für das Schweißen in engen Räumen zugelassen sind, tragen das Kennzeichen [S], früher [K].

Die zulässige Leerlaufspannung beträgt ________ V. Für Kesselschweißungen beträgt die zulässige Leerlaufspannung ________ V.

3. Schweißumformer

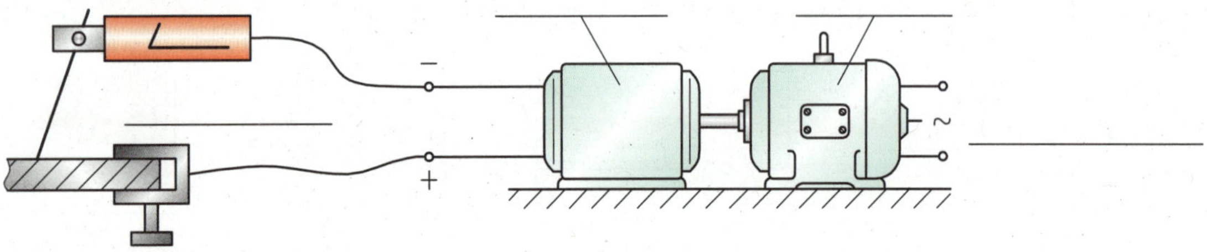

Der Schweißumformer besteht aus einem ______________ und einem ______________, der ______________ -Strom liefert. Durch die drehenden Bauteile entstehen Leerlaufverluste und ______________ -Belästigungen.

Die zulässige Leerlaufspannung beträgt ________ V, für Kesselschweißungen ________ V.

4. Schweißaggregat

Das Schweißaggregat besteht aus einem Generator und einem ______________ -Motor. Diese Schweißmaschine liefert ______________ -Strom und ist netzunabhängig.

Die zulässige Leerlaufspannung beträgt ________ V, für Kesselschweißungen ________ V.

5. Schweißinverter

Schweißinverter arbeiten mit sehr hohen Frequenzen. Dadurch können beim Verschweißen von Stabelektroden optimale Schweißbedingungen erreicht werden. Der Transformator wird mit einem Gleichrichter in Gleichstrom umgewandelt.

Vorteile des Schweißinverters:

1. Sehr gute Zünd- und Schweißeigenschaften
2. Gute Spaltüberbrückung
3. Erweitertes Schweißprogramm
4. Leise brennender Lichtbogen
5. Optimale Eignung für das Zwangslagenschweißen
6. Verringerung der Elektrodenkosten. Der Schweißstrom wird automatisch beim Verkleben der Elektrode mit dem Werkstück stark reduziert, die Elektrode kann leichter vom Werkstück ohne starke Umhüllungsabbrüche entfernt werden.
7. Kleine Baugröße des Schweißgeräts, geringes Gewicht
8. Hoher Wirkungsgrad

D. Polung an der Schweißmaschine

Schweißtemperatur am Pluspol ca. 4 200 °C, Schweißtemperatur am Minuspol ca. 3 600 °C.

E. Schweißstromkreis

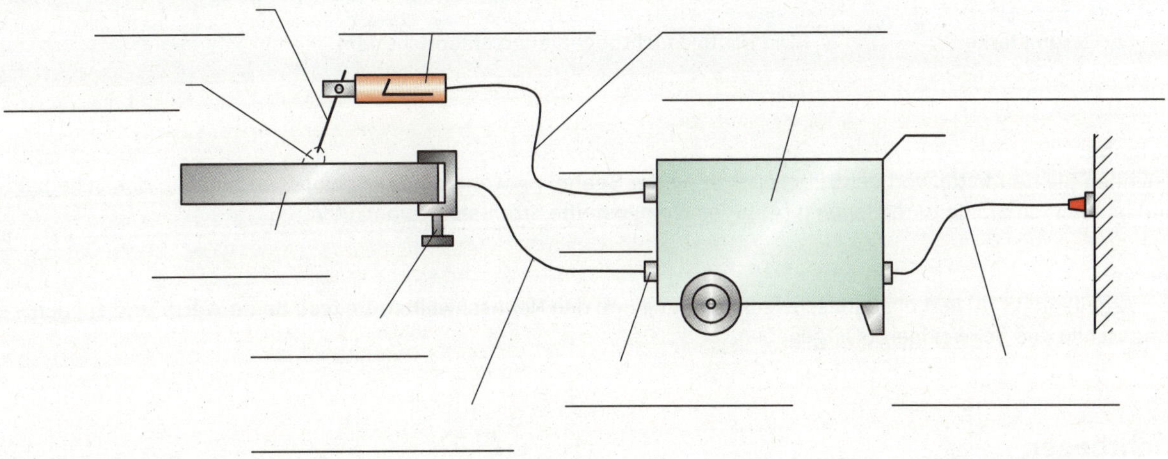

Aufgabe:
Zeichnen Sie den Schweißstromkreis farbig ein.
Benennen Sie die skizzierten Bauteile.
Schweiß- und Werkstückleitung sind einadrige isolierte ______________ -Kabel. Der Querschnitt des Cu-Leiters ist abhängig von der Leiterlänge, von der max. Schweißstromstärke, vom spezifischen Widerstand des Leitermaterials und von der Einschaltdauer des Geräts.

F. Kennlinie eines Schweißgerätes

Jedes elektrische Schweißgerät hat einen einstellbaren Stromstärkenbereich und einen entsprechenden Schweißspannungsbereich. Diese Daten können durch Strom-Spannungs-Kennlinien dargestellt werden.

Strom-Spannungs-Kennlinie eines Schweißgeräts mit einer eingestellten Stromstärke von 200 A:

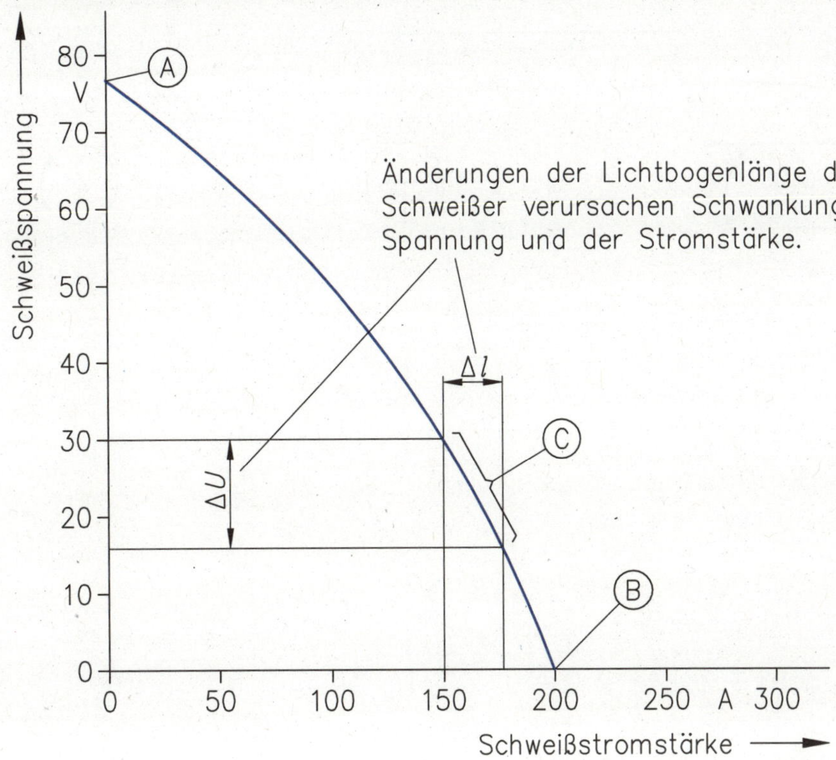

Ⓐ = Vor dem Zünden des Lichtbogens ist die Spannung (______ -Spannung) ______ , die Stromstärke ______ A. Die hohe Spannung wird zum Zünden des Lichtbogens benötigt.

Ⓑ = Beim Zünden des Lichtbogens (______) ist die Stromstärke ______ , die Spannung ______ V.

Ⓒ = Nach dem Zünden wird die Elektrode beim Schweißen angehoben. Die Spannung ______ , die Stromstärke ______ . Die richtige Lichtbogenlänge entspricht dem ______ ______ .

Aufgabe:
Zeichnen Sie den Mittelwert der Stromstärke und der Spannung während des Schweißvorgangs in das Schaubild ein und bestimmen Sie den Arbeitspunkt (A) für eine eingestellte Stromstärke von 200 A.

Merke:
Der Arbeitspunkt (A) legt die Nennschweißspannung und den Nennschweißstrom fest. Beide Werte sind auf dem Leistungsschild des Schweißgeräts angegeben.

G. Lichtbogen

Durch kurzzeitige Berührung der Elektrode mit dem Werkstück entsteht ein Kurzschluss. An der Berührungsstelle tritt eine starke Erwärmung ein. Beim Zurückziehen der Elektrode wird die Luft zwischen Werkstück und Elektrode durch austretende Elektronen elektrisch leitfähig gemacht. Es bildet sich der Lichtbogen. Er entsteht sowohl beim Gleichstrom als auch beim Wechselstrom.

Die hohe Lichtbogentemperatur bewirkt das Abschmelzen der Elektrode und das Anschmelzen der Werkstückoberfläche. Die Elektrode ist ein stromdurchflossener Leiter. Sie bildet starke Magnetfelder, die das flüssige Elektrodenmetall einschnüren und zu Tropfen formen. Der flüssige Tropfen wird vom Schmelzbad des Werkstücks angezogen.

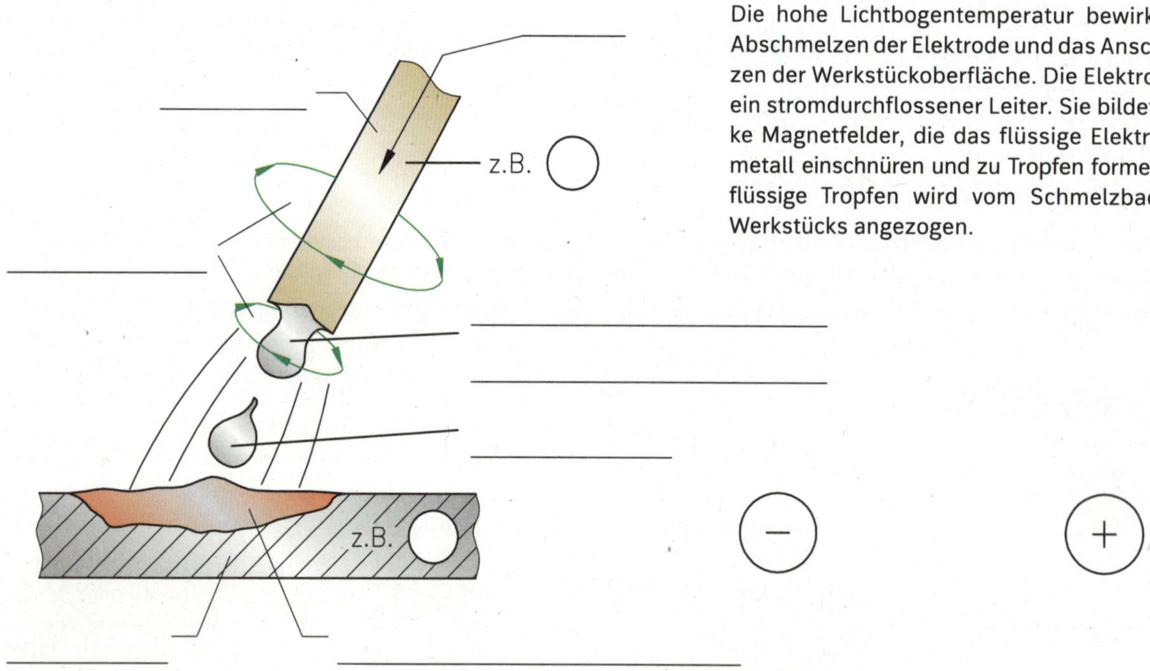

Schweißelektroden

A. Beschreibung

Elektroden sind stromführende, abschmelzende oder nicht abschmelzende Schweißzusätze.

B. Elektrodenarten

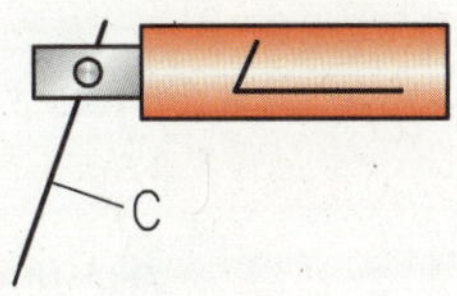	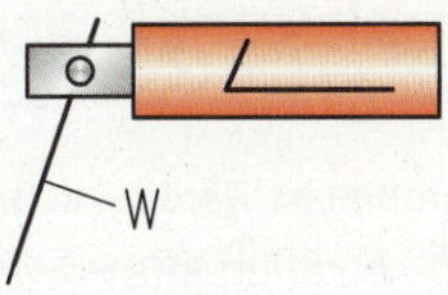	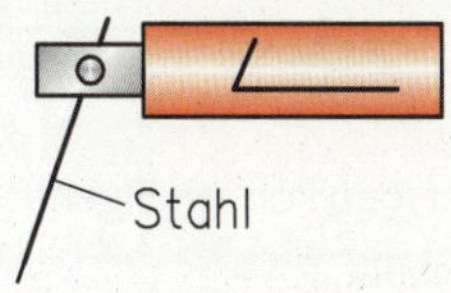	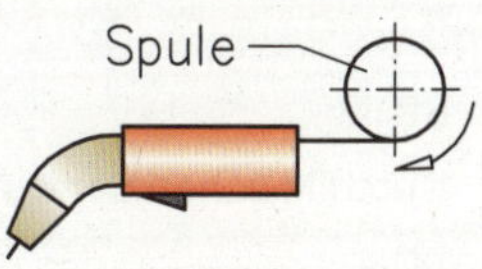
______ - Elektrode	______ - Elektrode	______ - Elektrode	______ - Elektrode
______ -Elektroden		______ -Elektroden	

Welche Elektroden werden beim Metalllichtbogenhandschweißen verwendet?

______

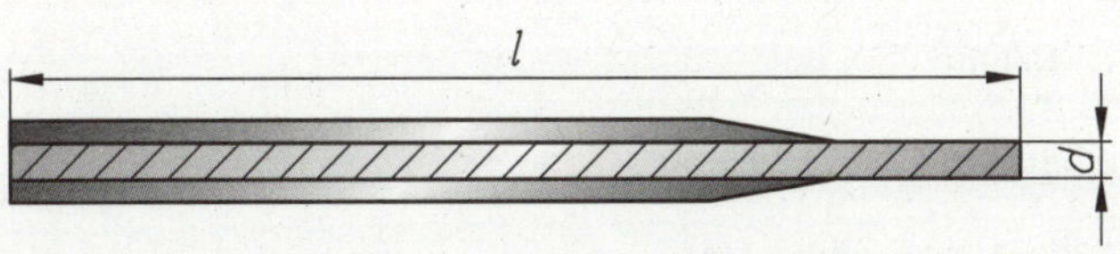

______ Stabelektrode
(d = 1,5 – 8 mm, l = 200 bis 450 mm)

Umhüllte Stabelektroden besitzen eine Hülle aus mineralischen und organischen Stoffen, Metalloxiden oder Metallpulver. Sie wird durch Tauchen oder Pressen aufgebracht. Die Umhüllung wird in zwölf Klassen eingeteilt.

Wir unterscheiden:

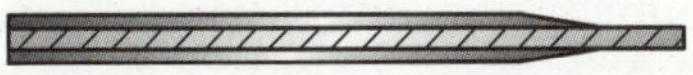	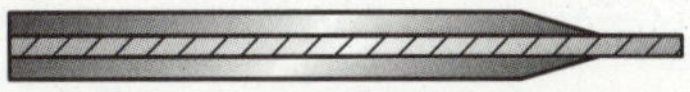	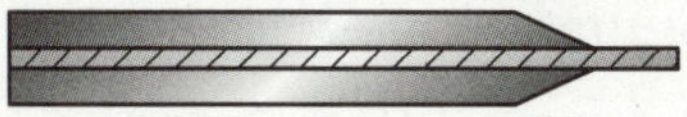
______ Umhüllung	______ Umhüllung	______ Umhüllung
Klasse 1 und 2	Klasse 3 und 4	Klasse 5 bis 10
Gesamtdicke D = bis 120 % des Kerndurchmessers d	D = 120 % bis 155 % von d	D > 155 % von d

Hochleistungselektroden haben die Klassen 11 und 12. Elektroden müssen trocken gelagert werden.

C. Zweck der Umhüllung

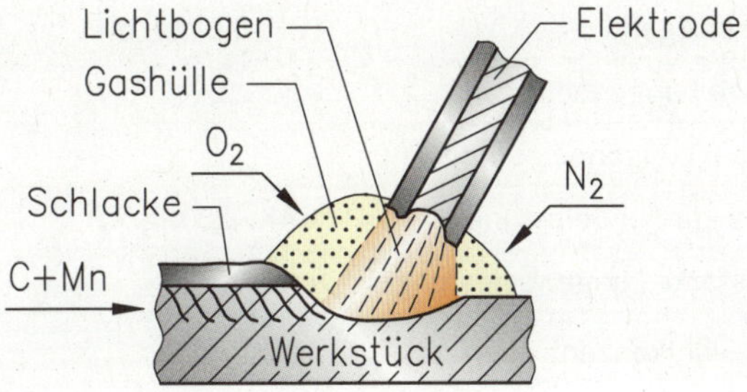

1. Beim Abbrennen der Umhüllung entsteht über dem Schmelzbad eine Gashülle. Nennen Sie die Aufgabe dieser Gashülle.

   ______

   ______

2. Die abbrennende Umhüllung bildet auf der Schweißstelle eine schützende Schlacke. Welche Aufgabe hat diese Schlacke?

   ______

3. Die Umhüllung ersetzt durch stahlbegleitende Elemente herausgebrannte Stoffe, z. B. ______
4. Der Zwischenraum Elektrode – Werkstück wird stromleitfähiger.

Wichtige Kurzzeichen für die Umhüllung

Typ	Umhüllungsart	Eigenschaften	Zusammensetzung
A	______	Hohe Abschmelzleistung, gute Schlackenentfernung, feintropfig, glatte Schweißnähte	Magnetit, Quarz, Kalkspat, Wasserglas
B	______	Hohe Festigkeitswerte, für alle Positionen gut schweißbar, ungeeignet für Wechselstrom, großtropfig, risssicher	Flussspat, Kalkspat, Quarz
C	______	Für Zwangslagenschweißung, z. B. für Fallnähte gut geeignet, Rauchgasentwicklung, feintropfig	Zellulose
R	______	Vielseitig anwendbar, gute Zündung, leicht verschweißbar, fein- bis mitteltropfig, Dünnblechschweißung	Titandioxid

RR = ______

Durch Mischen der Umhüllungstypen können Eigenschaften kombiniert werden, z. B.

RC = ______ – umhüllt; RA = ______ – umhüllt; RRB = ______ – dick umhüllt.

D. Bezeichnungsbeispiel einer Schweißelektrode für unlegierte Stähle (R_e < 500 N/mm²)

Stabelektrode 3,25 x 350 umhüllte Elektrode ISO 2560-A-E 50 3 1Ni RR 4 1 H10

3,25	Kerndraht- ______ mm	**350**	Kerndraht- ______ mm
A	Stabelektrode (garantierte Streckgrenze und Kerbschlagarbeit)		
E	Kurzzeichen für das Lichtbogenhandschweißen (______)		
50	Mindeststreckgrenze ______ x 10 = ______ N/mm²		
3	Kennzahl für die Kerbschlagarbeit des Schweißgutes (3 = 47 J bei –30 °C)		
1Ni	Chemische Schweißgutzusammensetzung (1 Ni = 1 % Ni, etwas Mn)		
RR	Umhüllungstyp (RR = ______)		
4	Kennzahl für Ausbringung und Stromart (4 = 105–125 %, Gleichstrom)		
1	Kennzahl für die Schweißposition (1 = alle Positionen)		
H10	Kennzeichen für den Wasserstoffgehalt (H10 = 10 ml/100 g Schweißgut)		

Ergänzung: Wird der Elektrodenumhüllung bei der Herstellung Eisenpulver beigemischt, so kann man dadurch die Masse des Schmelzguts steigern = ______ .

E. Schadstoffe beim Schweißen (Auswahl)

Grundwerkstoff und Schweißzusatz	Schadstoffe	Schadstoffwirkung	Höchstzulässige Werte pro 1 m³ Atemluft
Unlegiert	Rauchgase	lungenbelastend	MAK: 6 mg/m³
Legiert	Rauchgase	lungenbelastend	MAK: 6 mg/m³
	Chromzusatz	krebserregend	TRK: 0,2 mg/m³
	Nickelzusatz	krebserregend	TRK: 0,5 mg/m³
Elektrodenumhüllung	rutil (wenig Rauchgas)	geringe Lungenbelastung	–
	sauer (mittleres Rauchgas)	mittlere Lungenbelastung	–
	basisch (viel Rauchgas)	starke Lungenbelastung	MAK: 2,5 mg/m³
	zellulose (sehr viel Rauchgas)	sehr starke Lungenbelastung	unbekannt

MAK = Maximale Arbeitsplatzkonzentration, TRK = Technische Richtkonzentration

Die Auswahl der Elektroden ist abhängig von:

______

______

Metallbautechnik	Datum:	Herstellen von einfachen Baugruppen	Lernfeld 3
Name:	Klasse:	Lichtbogenschweißen	12

Nahtformen und ihre Sinnbilder, Schweißpositionen, Schweißstöße

A. Nahtformen und ihre Sinnbilder

Schweißsinnbilder dienen der vereinfachten Darstellung in der Schweißtechnik. Maßgebend sind die neuesten Ausgaben der DIN-Blätter.

Aufgabe:
Benennen Sie die skizzierten Schweißnähte.
Ergänzen Sie die räumlichen Darstellungen durch Schweißsinnbilder.

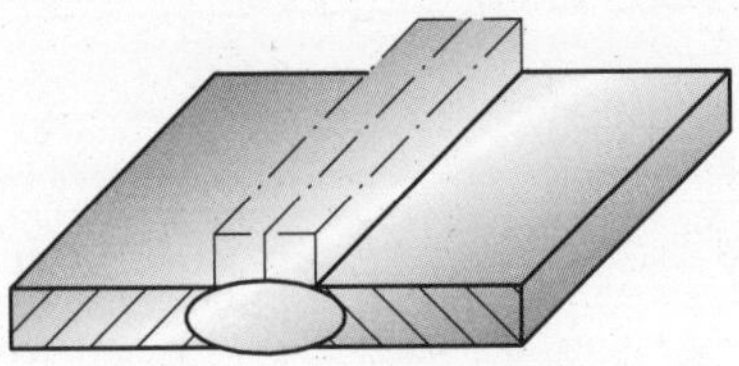
______ -Naht (___)

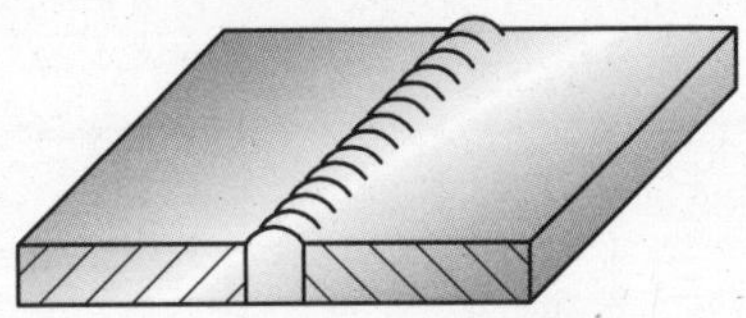
______ -Naht (___)

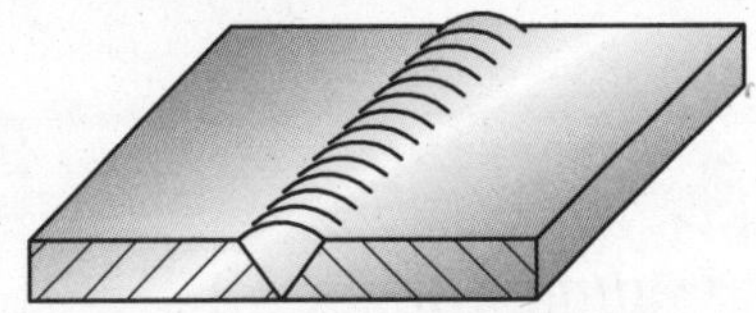
______ -Naht (___)

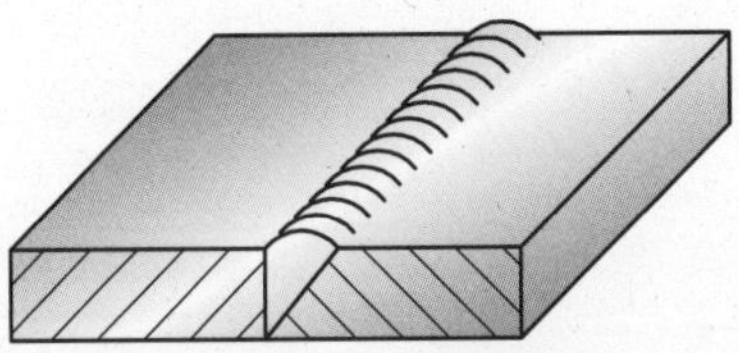
______ -Naht (___)

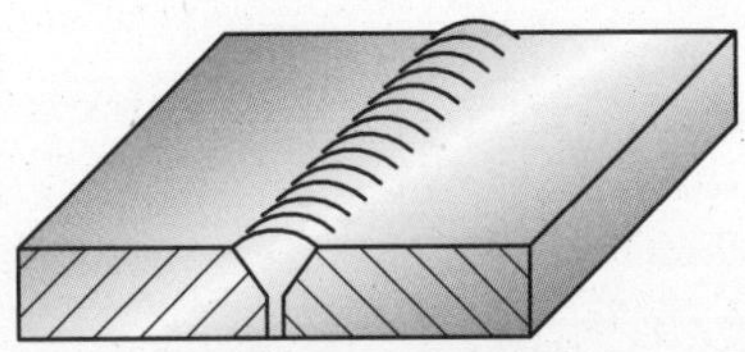
______ -Naht (___)

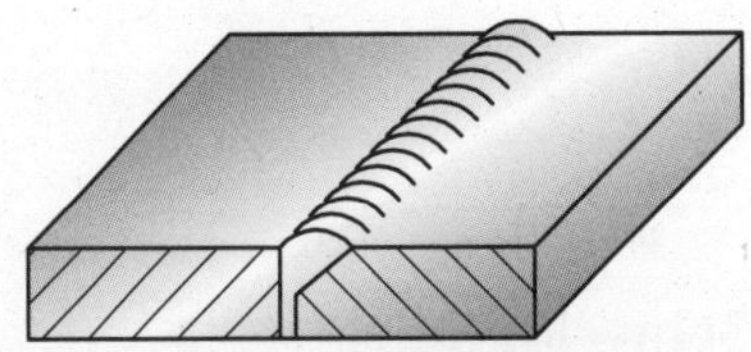
______ -Naht (___)

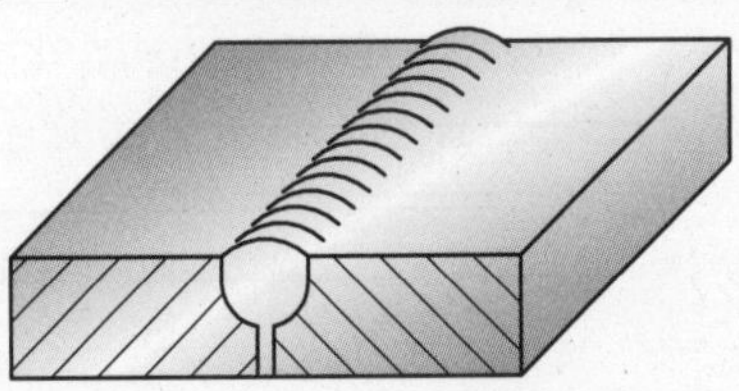
______ -Naht (___)

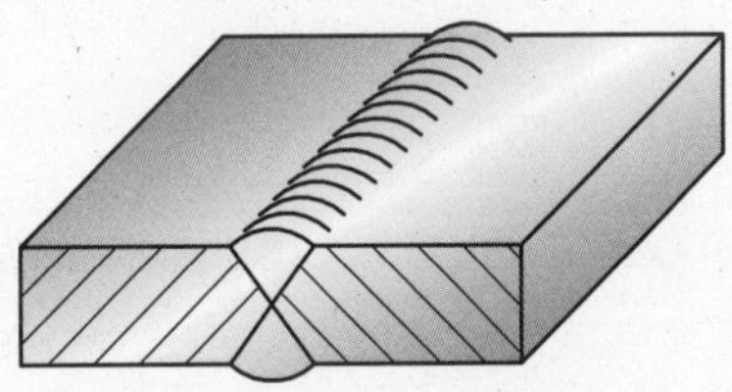
______ -Naht (___)

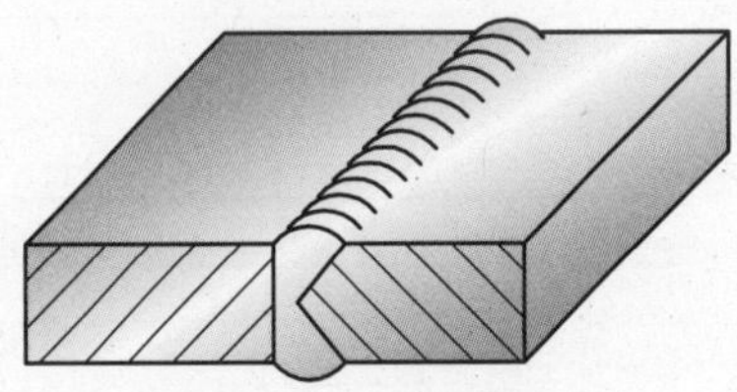
______ -Naht (___)

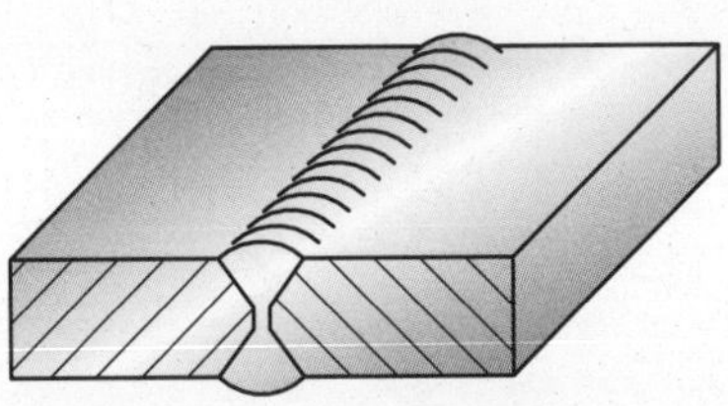
______ -Naht (___)

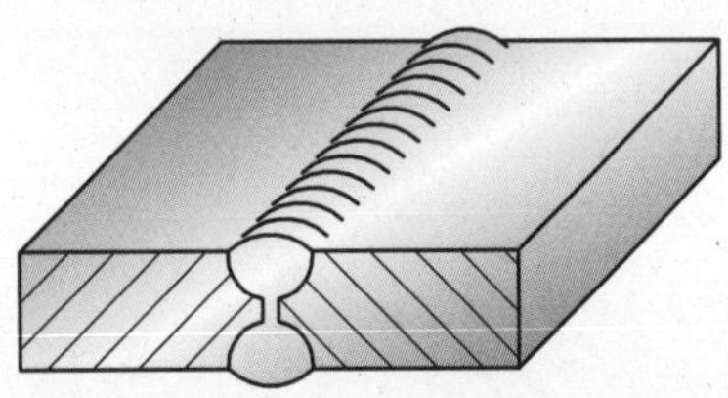
______ -Naht (___)

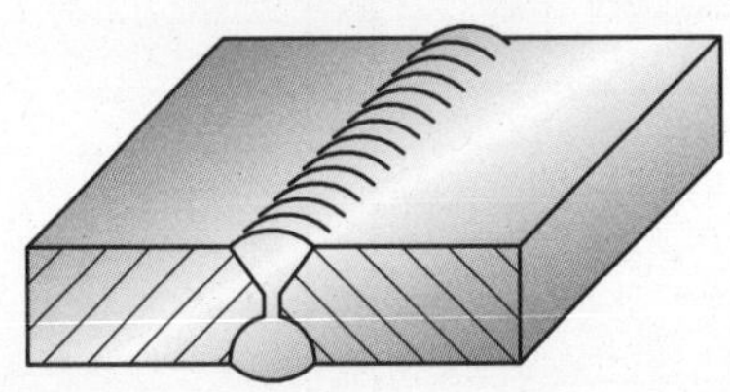
______ -Naht (___)

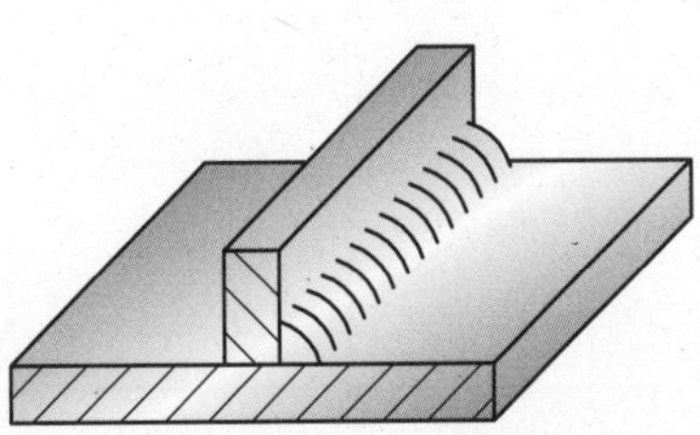
______ -Naht (___)

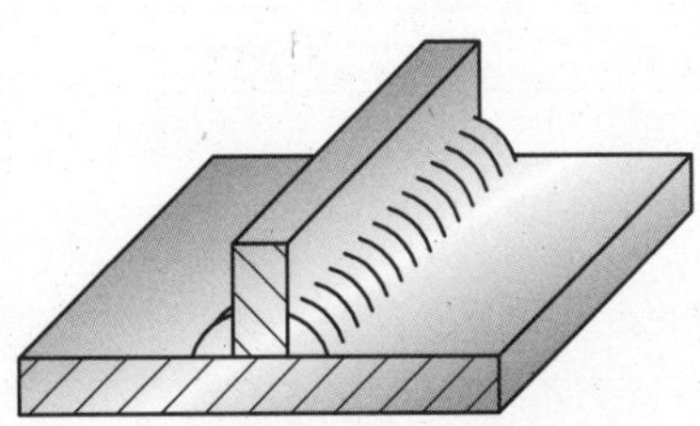
______ -Naht (___)

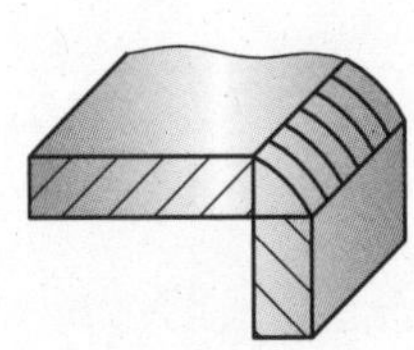
______ -Naht (___)

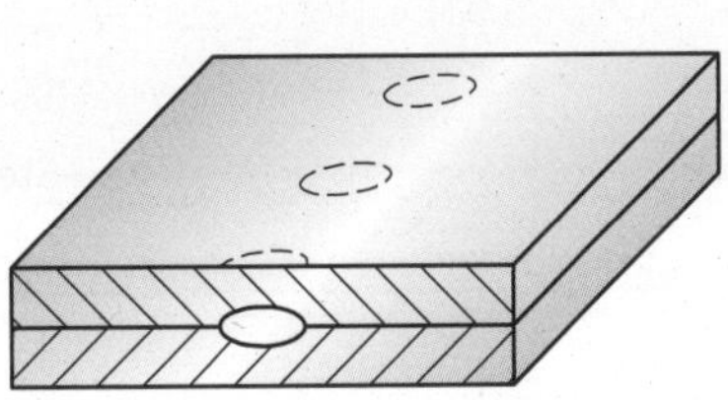
______ -Naht (___)

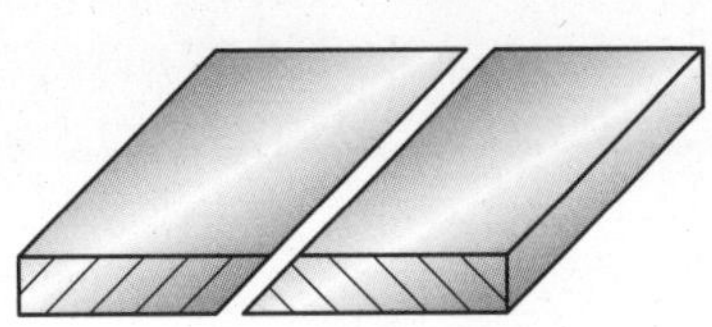
______ -Naht (___)

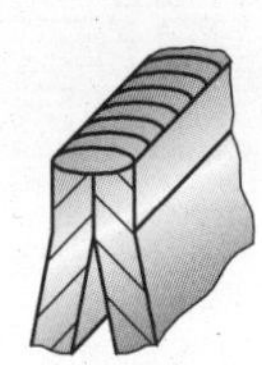
______ -Naht (___)

B. Schweißposition

Stumpf- und Kehlnähte sollen nach Möglichkeit immer in der Wannenlage geschweißt werden.
Welcher Fehler wird dadurch vermieden?

____

Benennen Sie die skizzierten Schweißpositionen.
Geben Sie das jeweilige Kurzzeichen an.

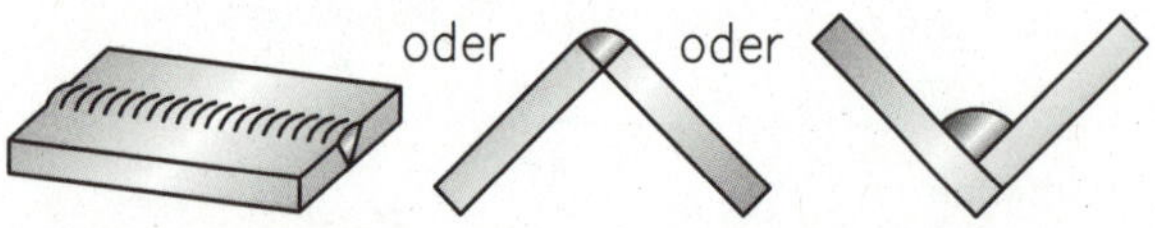

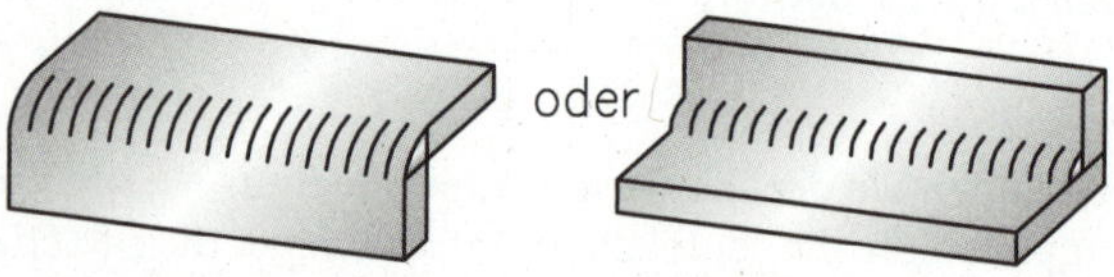

____________________ ____________________

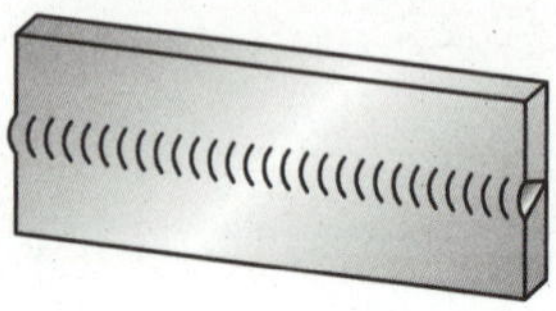

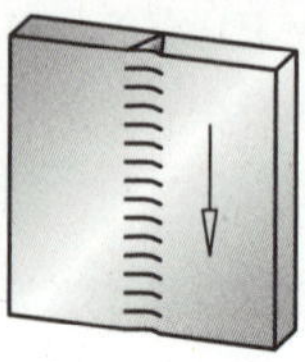

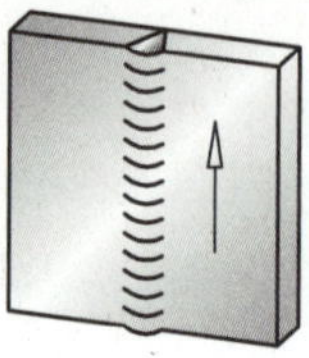

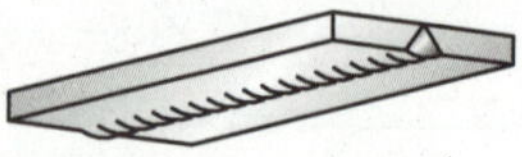

__________ __________ __________ __________

C. Schweißstöße

Benennen Sie die skizzierten Schweißstöße.

 __________-Stoß	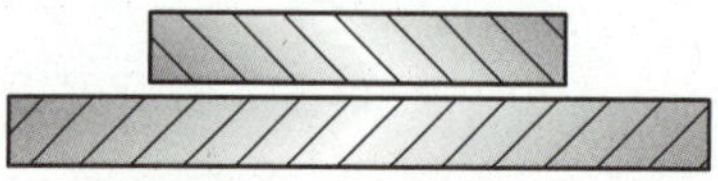 __________-Stoß	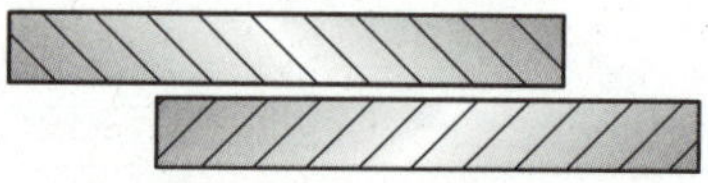 __________-Stoß
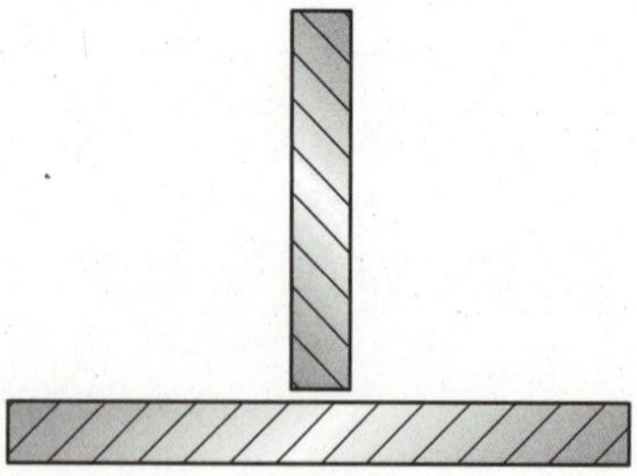 __________-Stoß	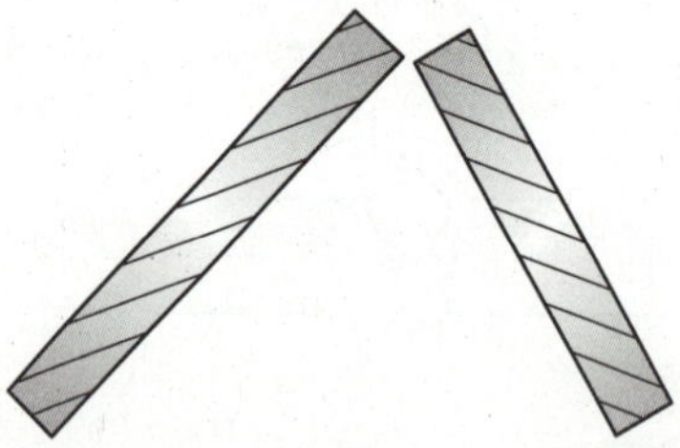 __________-Stoß	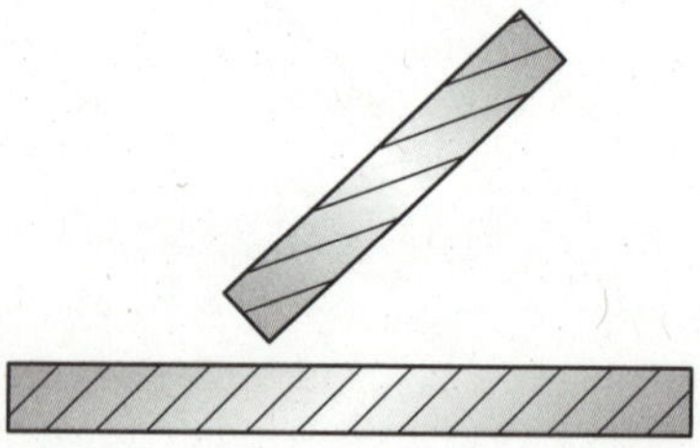 __________-Stoß
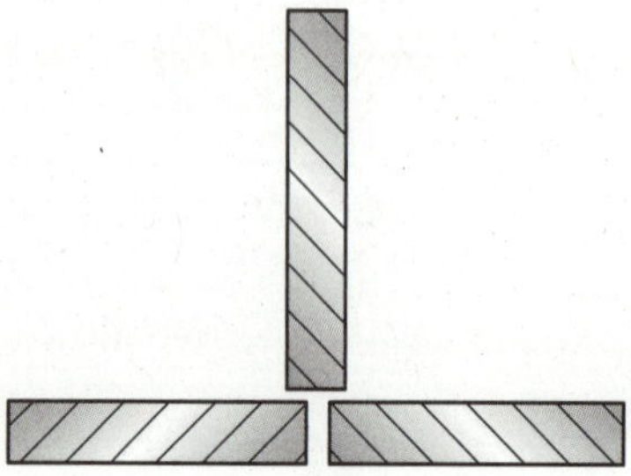 __________-Stoß	 __________-Stoß	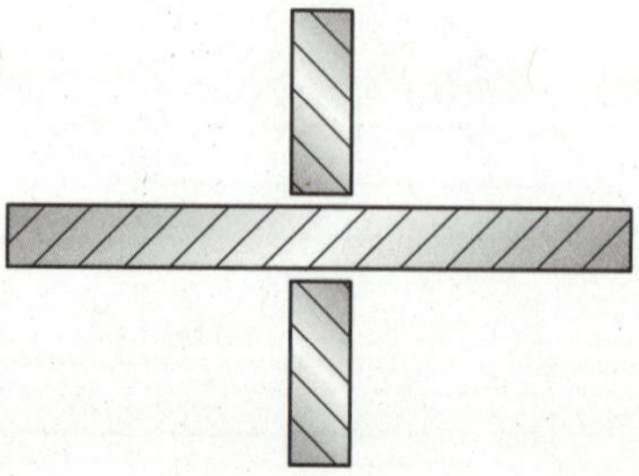 __________-Stoß

Arbeitsfolgen beim Lichtbogenschweißen

A. Vorbereitung der Schweißkanten

Wovon hängt die Form der Schweißfuge ab?

Beispiele:

Flachstähle bis 4 mm Dicke →

Flachstähle von 3 mm bis 10 mm Dicke →

Flachstähle über 10 mm Dicke →

Möglichkeiten der Formgebung:

B. Säubern der Schweißstelle

Verunreinigungen (z. B.)

der Schweißstelle bewirken Schlackeneinschlüsse oder Poren in der Schweißnaht. Dadurch wird die Qualität und die Festigkeit der Schweißung beeinträchtigt.

Möglichkeiten für die Reinigung:

C. Richten der Schweißteile

Unebene oder durch Brennschneiden verzogene Stahlbleche führen zu fehlerhaften Schweißungen. Sie müssen vor dem Schweißen ausgerichtet werden.

D. Heften der Schweißteile

Damit sich die Lage der Schweißteile beim Schweißen nicht verändern kann, müssen die Bauteile geheftet werden. Die Abstände der Heftstellen richten sich nach der Blechdicke und betragen 20 bis 100 mm.

E. Schweißstromstärke

Die Schweißstromstärke ist abhängig:

1. vom →

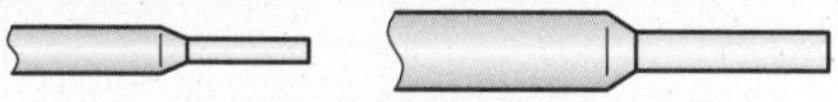

2. vom → (z. B. EN ISO 2560-E 50 3 1Ni RR 41 H 10)
3. von der Dicke der → (dünn, mitteldick, dick)
4. von der →

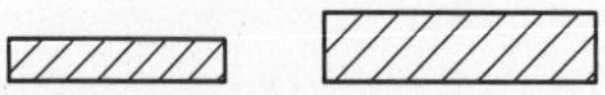

5. von der → (z. B. PA, PB, PG, PC)

Faustregel: Stromstärke (A) = Kerndrahtdurchmesser (mm) x 40

Welche Stromstärke ist für eine 3,25er Elektrode einzustellen?

Dir richtige Stromstärke ist am Einbrand zu erkennen.

Aufgabe: Beurteilen Sie die folgenden Schweißnähte.

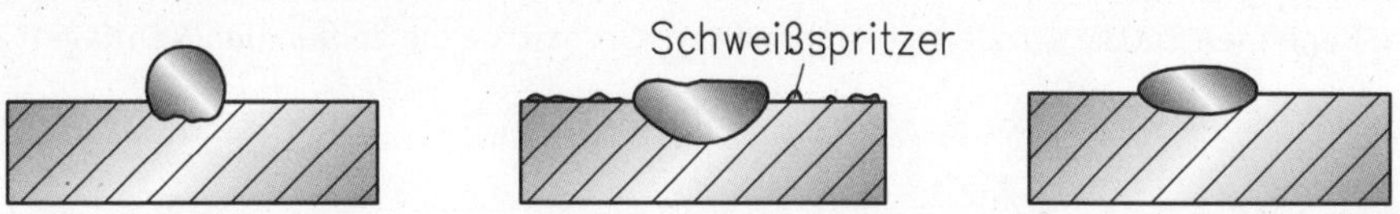

Nahtform

Einbrand

Stromstärke

F. Zünden des Lichtbogens

Der elektrische Lichtbogen wird durch Tupfen oder durch Streichen der Elektrode auf dem Werkstück gezündet. Der Schweißer muss die gezündete Elektrode ruhig, gleichmäßig und mit kurzem Abstand zur Werkstückoberfläche fortbewegen.

Aufgabe: Beurteilen Sie die skizzierten Lichtbogenlängen.

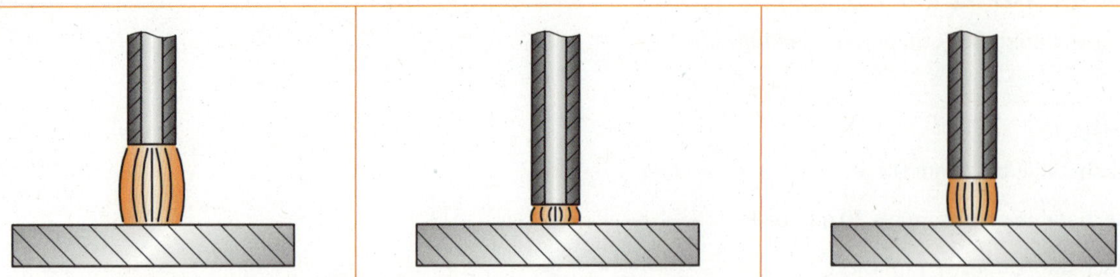

Abstand	Abstand	Abstand
Erkenntnis:	Erkenntnis:	Erkenntnis:

G. Ablenkung des Lichtbogens

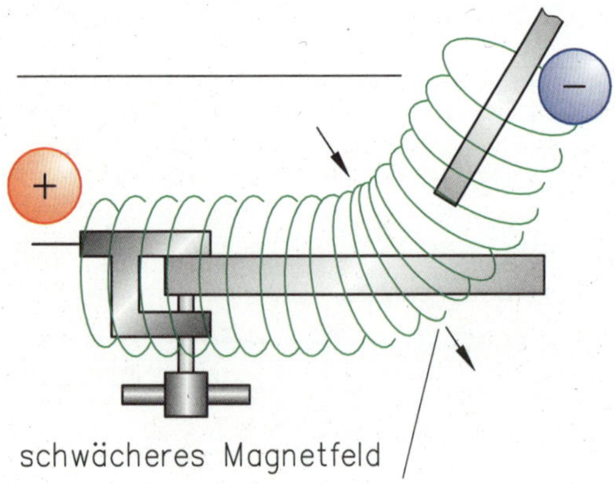

Die Elektrode ist ein stromdurchflossener Leiter. Um ihn bildet sich ein elektromagnetisches Feld. Dadurch wird besonders bei der Gleichstromschweißung der Lichtbogen abgelenkt. Diese Erscheinung wird als „Blasen" bezeichnet.

Aufgabe:
Zeichnen Sie die Lichtbogenablenkung in die Skizze ein.

Gegenmaßnahmen:

H. Nahtaufbau

Aufgabe: Benennen Sie die skizzierten Raupenarten. Ordnen Sie die Zahlen den Nahtlagen zu.

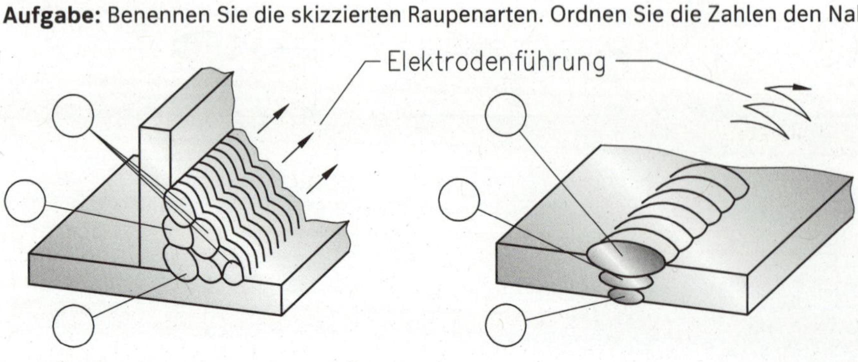

① Wurzellage
② Fülllage
③ Decklage

Unfallgefahren und Unfallverhütungsmaßnahmen beim Schweißen

A. Elektrischer Strom – Wirkung auf den Menschen

Nicht nur die Netzspannung mit 230 V, sondern auch die geringen Schweißspannungen können bei Menschen tödlich wirken. Maßgebend ist die Stromstärke, die das menschliche Herz durchfließt. Stromstärken über 80 mA (0,08 A) können einen Herzstillstand herbeiführen.

Unfallverhütung

1. Bei allen Schweißarbeiten unbeschädigte und trockene Stulpenhandschuhe aus ____________ benutzen!
2. Immer gut isolierende und ungenagelte Arbeits- ____________ tragen!
3. Im Freien bei ____________ keine elektrischen Schweißarbeiten ausführen!
4. Niemals bei eingeschalteter Schweißmaschine die Elektrode mit der ungeschützten Hand auswechseln!
5. Immer mit einwandfreien Schweiß- ____________ und mit isolierten Elektrodenhaltern arbeiten!
6. Beim elektrischen Schweißen in feuchten Räumen oder auf gut leitenden Bauteilen (z. B. Stahlkessel) stets isolierende Unterlagen verwenden!
7. Vor dem Transport der Schweißmaschine immer den Netzstecker ziehen!
8. Feuchte oder stark durchschwitzte Arbeits- ____________ wechseln!
9. Das Gehäuse der Schweißmaschine mit keiner Schweiß- ____________ verbinden!
10. Den Elektrodenhalter immer in einer geeigneten ____________ ablegen!
11. Die Schweißstrom-Rückleitung immer direkt am Werkstück ____________ befestigen!

B. Lichtbogenstrahlung

Der elektrische Lichtbogen sendet Strahlen verschiedener Wellenlänge. Die unsichtbaren ultravioletten Strahlen bewirken eine Entzündung des äußeren Auges und schädigen die Netzhaut = ____________ .
Die sichtbaren Strahlen verblenden das Auge durch ihr grelles Licht. Die Infrarot-Strahlen können durch ihre Wärmestrahlung Verbrennungen auf der Haut hervorrufen.

Unfallverhütung

1. Elektrisches Schweißen darf, dem Schweißverfahren entsprechend, nur mit Schutz- ____________ oder Schutz- ____________ mit Schweißer-Schutzfiltern und Seitenschutz durchgeführt werden. Die Vorsatzscheiben müssen den Vorschriften entsprechen.
2. Mitarbeiter müssen durch Schutz- ____________ oder ____________ abgeschirmt werden.
3. Es darf nicht mit aufgekrempelten Ärmeln oder bloßem Oberkörper geschweißt werden.
4. Beim Schlackeentfernen muss man stets die ____________ tragen.

C. Schweißabgase und Dämpfe – Wirkung auf die Atmungsorgane

Vor allem beim Schweißen mit umhüllten Elektroden entwickeln sich Schweißabgase, die zu Reizungen der oberen Luftwege und zu Gesundheitsschäden führen können. Giftige Dämpfe entstehen beim Schweißen von ____________ Stahlblech oder an Werkstücken mit ____________ -haltigem Anstrich.

Unfallverhütung: Gase und Dämpfe müssen mit geeigneten Vorrichtungen ____________ werden.

Merke: Auf keinen Fall darf zur Luftverbesserung ____________ zugeführt werden. Glühende Werkstücke oder Funkenflug können Brände verursachen, deshalb ____________ ____________ .

D. Verhalten bei Unfällen

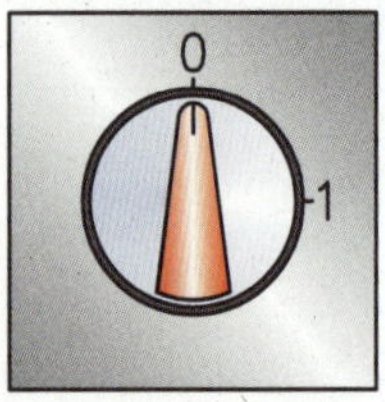

Gefahr beseitigen:
Strom ausschalten, z. B.

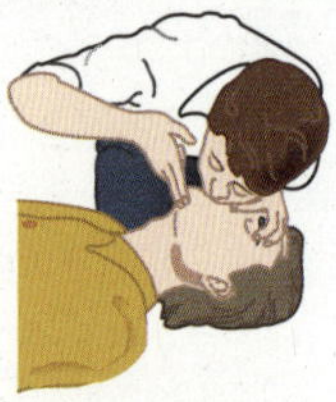

Bei Atemstillstand:

Hilfe herbeiholen:

1. Elektrische Anlagen und Betriebsmittel dürfen nur von zugelassenen Fachleuten errichtet, geändert oder instand gesetzt werden.
2. Zur Verhütung von Unfällen sind die Unfallverhütungsvorschriften der Berufsgenossenschaften und die VDE-Bestimmungen zu beachten.

E. Notruf

Welche wichtigen Angaben müssen Sie bei einem Notruf dem Rettungsdienst mitteilen?

1.
2.
3.
4.
5.

Für eine Fügearbeit wurden 20 Stabelektroden verschweißt. Die Abschmelzzeit für eine Elektrode beträgt nach Tabellenbuch 90 s. Die verwendete Schweißmaschine hat eine Einschaltdauer (ED) von 60 %.

a) Berechnen Sie die gesamte Lichtbogenbrennzeit (in min).
b) Wie viel Minuten beträgt die gesamte Einschaltdauer?
c) Wie lange (in min) sind bei der genormten Einschaltdauer von 5 min die Lichtbogenbrennzeit und die Kühlzeit?

Geg.: ______

Ges.: a) Gesamte Lichtbogenbrennzeit
b) Gesamte Einschaltdauer
c) Lichtbogenbrennzeit und Kühlzeit in 5 min

a) 1 Elektrode ⟶ ______

______ Elektroden ⟶ ______ = ______

= ______ gesamte Lichtbogenbrennzeit

b) ______ % ≙ ______ min

1 % ≙ $\frac{}{}$ min

______ % ≙ $\frac{}{}$ = ______ min gesamte Einschaltdauer

c) ______ % ≙ ______ min

1 % ≙ $\frac{}{}$ min

______ % ≙ $\frac{}{}$ = ______ min ______ -Zeit

______ min ______ -Zeit

bei ______ min Einschaltdauer

1. Aufgabe: Mit einer Schweißmaschine, Einschaltdauer 80 %, sollen 12 Stabelektroden mit 78 s Abschmelzzeit je Elektrode verschweißt werden.
Berechnen Sie (in min)
a) die gesamte Lichtbogenbrennzeit und
b) die Einschaltdauer für diese Schweißarbeit.

2. Aufgabe: Zum Schweißen eines schmiedeeisernen Gartenzauns wurden 21 Elektroden mit 80 s Abschmelzzeit verwendet. Die Einschaltdauer des Schweißgerätes beträgt 35 %.

Wie groß sind (in min)

a) die gesamte Lichtbogenbrennzeit,
b) die gesamte Einschaltdauer und
c) die Lichtbogenbrennzeit und die Kühlzeit in der auf 5 min genormten Gesamtzeit?

3. Aufgabe: Ein Schweißgerät mit 60 % Einschaltdauer war für eine Fügearbeit 1 h 10 min eingeschaltet. Dabei wurden Stabelektroden mit 72 s Abschmelzzeit je Stück verschweißt.

Berechnen Sie die gesamte Lichtbogenbrennzeit (in min), die gesamte Kühlzeit (in min) und die Anzahl der verschweißten Elektroden.

Metallbautechnik	Datum:	Herstellen von einfachen Baugruppen	Lernfeld 3
Name:	Klasse:	Kleben	14

Kleben ist die Herstellung einer unlösbaren dichten Verbindung von Bauteilen durch Oberflächenhaftung mithilfe eines Klebstoffs. Es können gleiche oder verschiedenartige Werkstoffe stoffschlüssig verbunden werden. Auch Schraubverbindungen können gegen Lösen gesichert werden.

A. Aufbau

Klebstoffe sind Harze der Duoplaste.
Ordnen Sie den Kurzzeichen zu: Phenol-Harz, Polyester-Harz, Epoxid-Harz, Polyurethan-Harz.

______________________ (PF) ______________________ (PUR)

______________________ (EP) ______________________ (UP)

B. Klebstoffarten

Reaktionsklebstoffe (chemisch aushärtende Klebstoffe)

1. Warmkleber

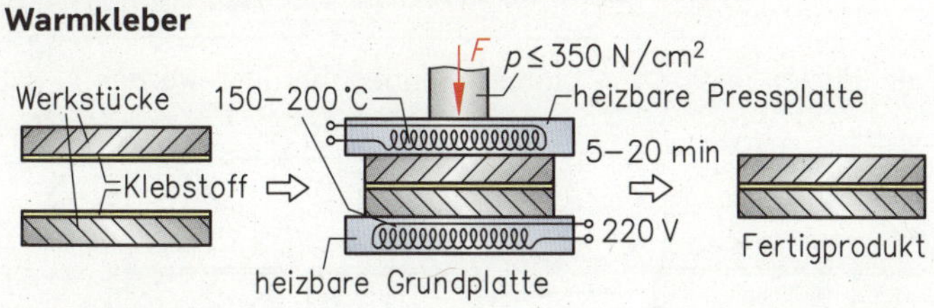

Vorteile: Hohe Festigkeit der Verbindung, kurze Aushärtungszeit

Nachteil: Hohe Kosten (heizbare Klebepresse, Wärmekammer)

2. Kaltkleber

a) Einkomponentenkleber

Welche Arbeitsstufen sind nötig?

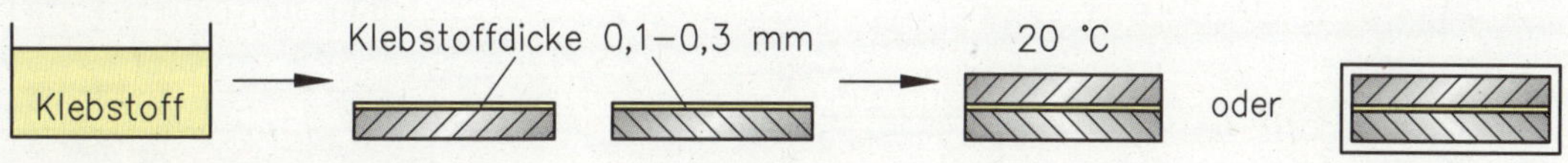

______________________ ______________________ ______________________ ______________________

______________________ ______________________ ______________________ ______________________

b) Zweikomponentenkleber

Welche Arbeitsstufen sind notwendig?

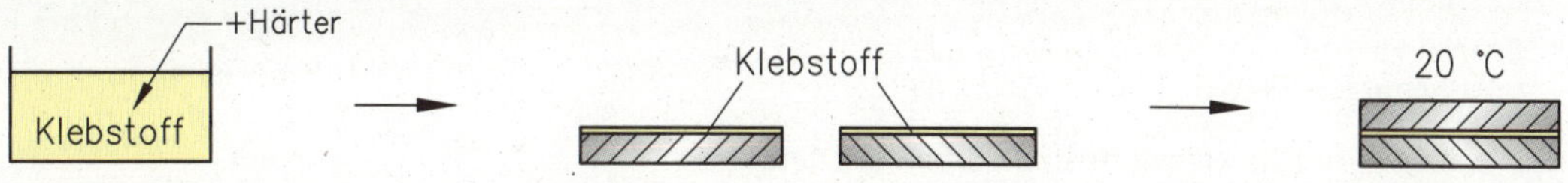

______________________ ______________________ ______________________

Vorteil: Geringere Kosten. **Nachteil:** Lange Aushärtungszeit.
Merke: Das Mischungsverhältnis der Herstellerfirma ist zu beachten!

Gebräuchliche Klebstoffe und ihre Eigenschaften

Klebstoff	Phenolharz	Epoxidharz	Polyurethanharz	Polyimidklebstoff
Aushärtungs-temperatur	ca. ________ °C	ca. ________ °C	ca. ________ °C	ca. ________ °C
Klebstoffart	________ kleber	________ kleber	________ kleber	________ kleber
Aushärtungs-dauer	ca. ________	ca. ________	ca. ________	________
Festigkeit	________ (ca. 45 N/mm²)	________ (ca. 45 N/mm²)	________ (ca. 15 N/mm²)	________ (ca. 20 N/mm²)
Temperatur-beständigkeit	________ (–50 bis +200 °C)	________ (–60 bis +80 °C)	________ (–180 bis +40 °C)	________ (–50 bis +200 °C, kurzzeitig bis +450 °C)

C. Herstellung einer Klebeverbindung

Ordnen Sie den Skizzen zu:
Spachtelauftrag, Dampfentfettung, Feinsandstrahlen, Pinselauftrag, Aufstreuauftrag, Schleifen, Tauchentfettung, Spritzauftrag, Fertigprodukt, Abbeizentfettung, Klebefolienauftrag, Abreibentfettung.

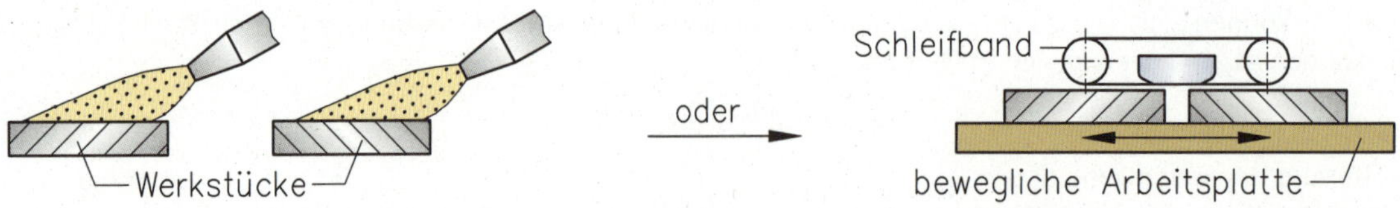

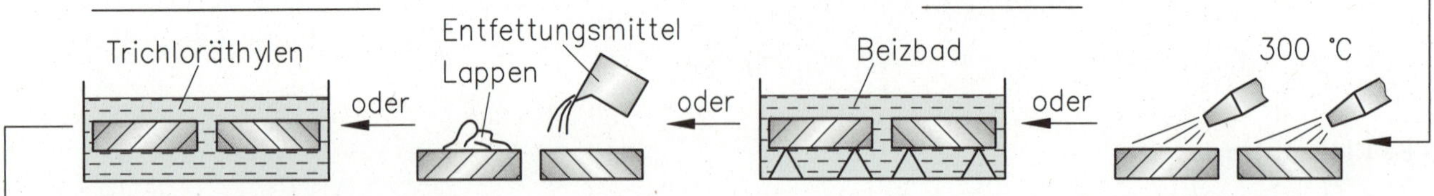

Merke: Chemisch vorbehandelte Fügeflächen dürfen nicht mit bloßen Händen berührt werden.

Merke: Klebstoffe dürfen nur ______ -schichtig aufgetragen werden.

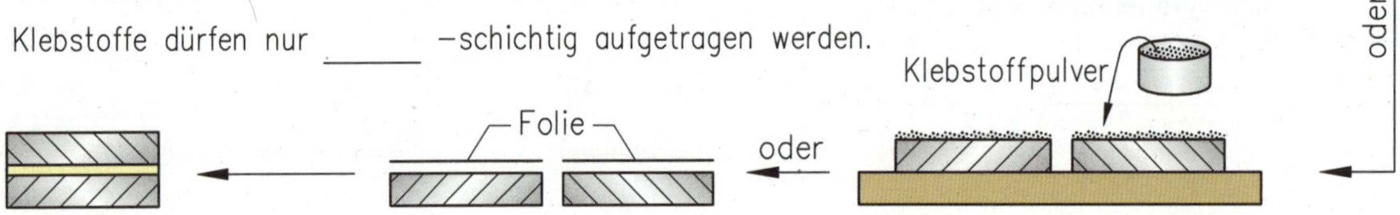

Die Bauteile müssen gegen Verrutschen gesichert werden.

Merke: 1. Klebstoffdämpfe sind gesundheitsschädlich. Sorgen Sie für eine gute ______________________.

2. Schützen Sie sich durch ______________________
3. Bewahren Sie Klebstoffe und Härter in sicheren ______________ auf.
4. Vermeiden Sie während des Klebens offenes ______________ oder ______________.
5. Waschen Sie Klebstoffspritzer in den Augen mit einer ______________ aus. Augenarzt aufsuchen!

D. Klebeverbindungen

1. Flache Bauteile

Benennen Sie die skizzierten Klebeverbindungen.

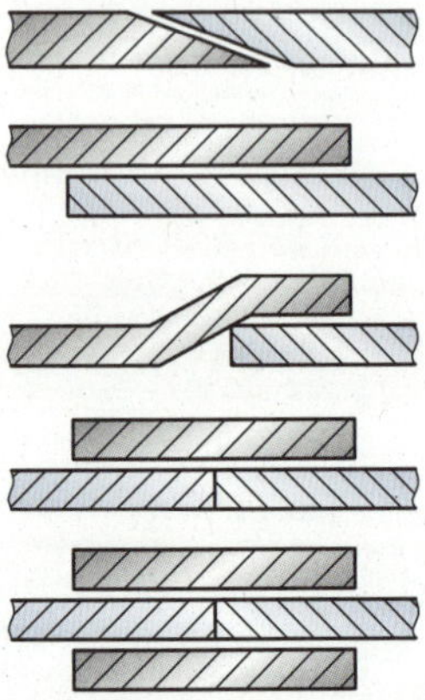

2. Rohre

Benennen Sie die skizzierten Klebeverbindungen.

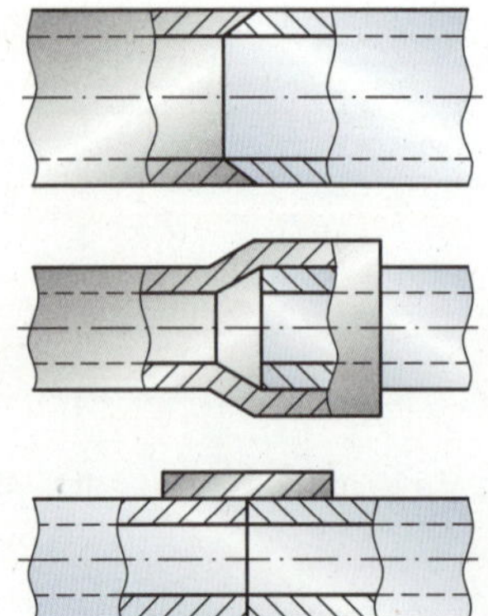

A. Zeichnerische Darstellung von Kräften

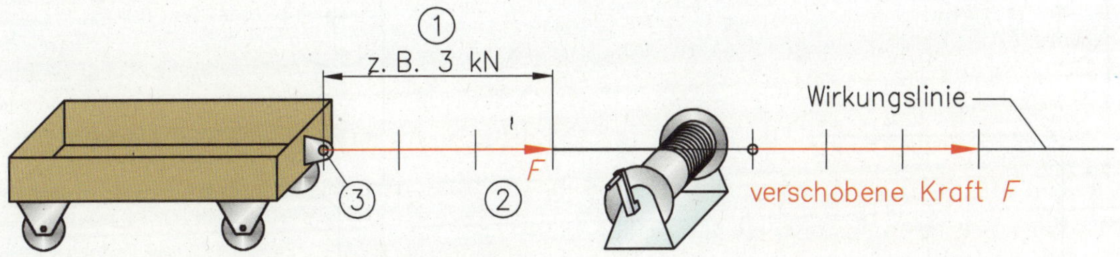

Um Kräfte zeichnen zu können, müssen bekannt sein:

① ______________ der Kraft. Dazu muss ein geeigneter Kräftemaßstab (KM) gewählt werden.

Im Beispiel 1 cm ≙ __________ kN.

② ______________ der Kraft. Diese ist festgelegt durch die ______________________ und den Richtungspfeil. Kräfte lassen sich auf ihrer Wirkungslinie ______________.

③ Angriffspunkt der Kraft.

B. Kräfte auf gleicher Wirkungslinie

Bestimmen Sie durch Zeichnen und Rechnen die Ersatzkraft = ______________________ F ___ .

Zwei Personen bewegen einen Wagen in die gleiche Richtung. A zieht mit 200 N, B mit 300 N.

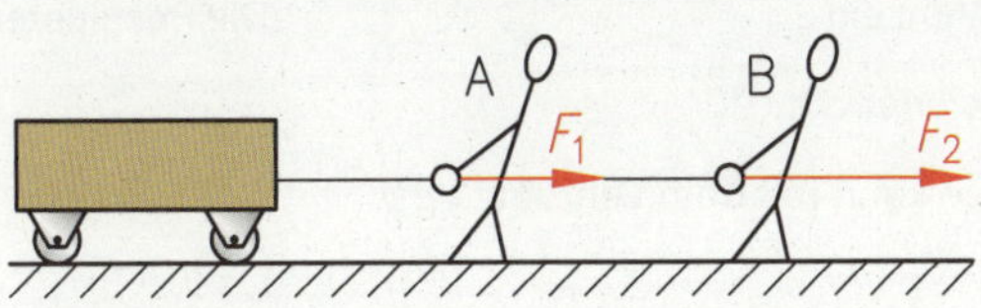

Zeichnerische Lösung

KM: 1 cm ≙ __________

Teilkräfte:

Resultierende:

Ergebnis:

F_R = ______ cm ≙ __________ N

Rechnerische Lösung:

F_R = ______________

F_R = ______________

F_R = __________

Zwei Personen bewegen einen Wagen. A zieht mit 500 N nach rechts, B mit 200 N nach links.

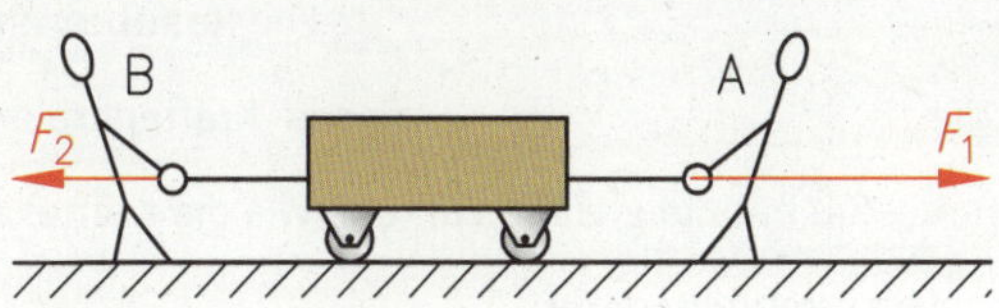

Zeichnerische Lösung

KM: 1 cm ≙ __________

Teilkräfte:

Resultierende:

Ergebnis:

F_R = ______ cm ≙ __________ N

Rechnerische Lösung:

F_R = ______________

F_R = ______________

F_R = __________

Das Minuszeichen vor F_2 gibt an, dass diese Kraft in ______________________________ wirkt.

Bildnachweis: Di Gaspare, Michele (Bild und Technik Agentur für technische Grafik und Visualisierung)

C. Zusammensetzen von Kräften, deren Wirkungslinien sich schneiden

Bestimmen Sie für die Rollenstütze Richtung und Größe der resultierenden Kraft F_R.

Geg.: $F_1 = 3$ kN, $F_2 = 4$ kN

Ges.: F_R, Richtung von F_R

KM: 1 cm ≙ 1 kN

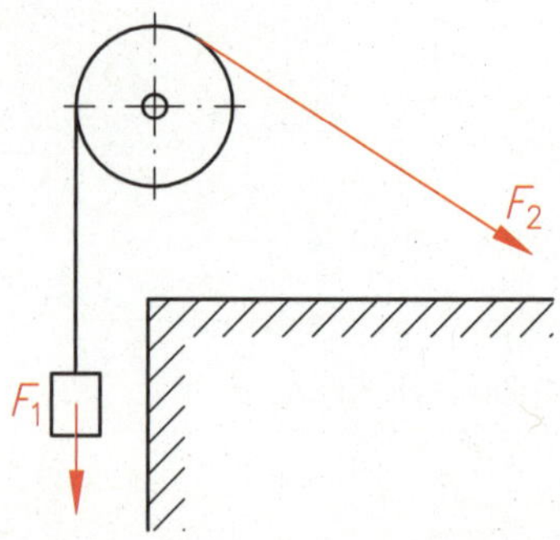

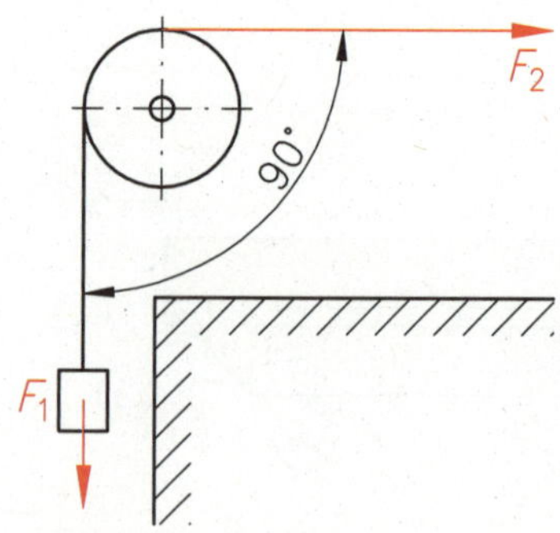

Für die Lösung müssen die beiden Kräfte F_1 und F_2 ______ verschoben werden. Die Figur heißt ______. Die Resultierende ist die ______ dieses Kräfteparallelogramms. Sie hat die gleiche Wirkung wie die Kräfte, aus denen sie ermittelt wurde.

Ergebnis: $F_R =$ ______ cm ≙ ______ kN

Ergebnis: $F_R =$ ______ cm ≙ ______ kN

Schneiden sich die beiden Wirkungslinien unter 90°, so entsteht ein ______. Die Resultierende ist wieder die ______.

Diese kann mit dem Lehrsatz des ______ berechnet werden:

$F_R =$ ______

$F_R =$ ______

$F_R =$ ______

Zur gleichen Lösung kommt man, wenn die Einzelkräfte F_1 und F_2 nach Größe und Richtung aneinander gezeichnet werden:

Kräfteparallelogramm

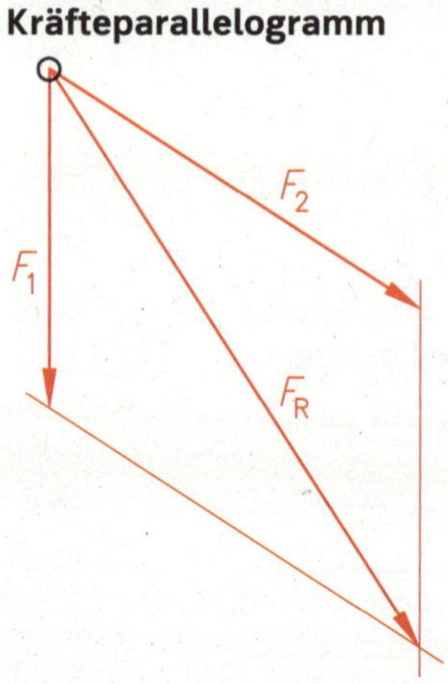

Krafteck

Anwendung findet das Krafteck besonders dort, wo mehr als zwei Einzelkräfte wirken.

Die Resultierende F_R ist die Strecke zwischen ______ der 1. Kraft und ______ der letzten Kraft.

D. Zerlegen von Kräften

Ermitteln Sie zeichnerisch die Größe der Kräfte F_1 und F_2 in den beiden Zugseilen.

KM: 1 cm ≙ 20 N

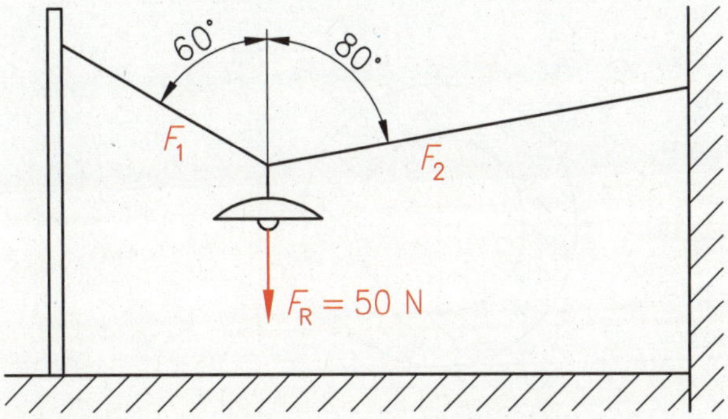

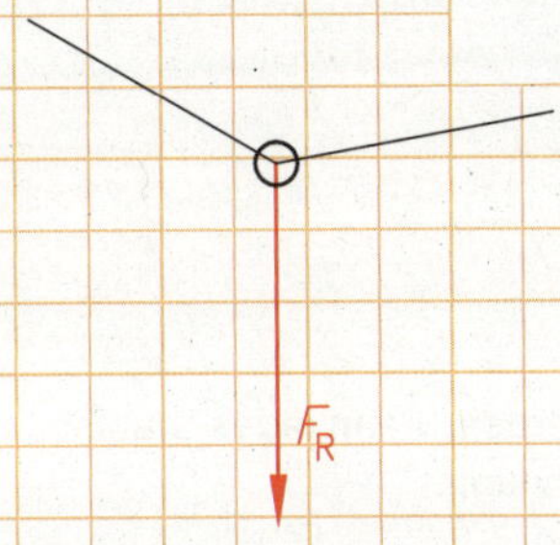

Ergebnis: F_1 = F_2 =

Um die Aufgabe lösen zu können, müssen die ______________ ______________ der Kräfte F_1 und F_2 bekannt sein. F_1 und F_2 sind die ______________ des Kräfteparallelogramms.

1. Aufgabe: Welche Kräfte (in kN) treten in den beiden Stäben der skizzierten Terrassenüberdachung auf?

KM: 1 cm ≙ 1 kN

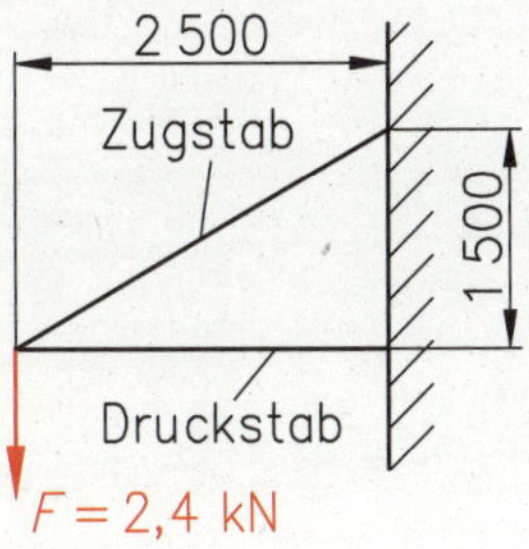

2. Aufgabe: Jede Zugstange der Anhängergabel kann maximal 8 kN aufnehmen. Wie viel kN darf dann die Zugkraft F sein?

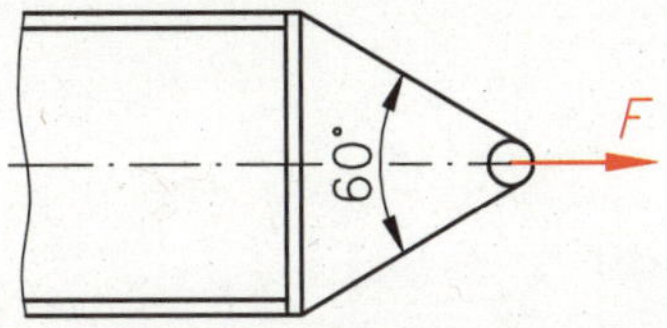

Bildnachweis: Di Gaspare, Michele (Bild und Technik Agentur für technische Grafik und Visualisierung)

3. Aufgabe: Auf eine Stütze wirken folgende Einzelkräfte: $F_1 = 3$ kN, $F_2 = 4$ kN, $F_3 = 6$ kN. Bestimmen Sie mithilfe eines Kraftecks die resultierende Kraft F_R.

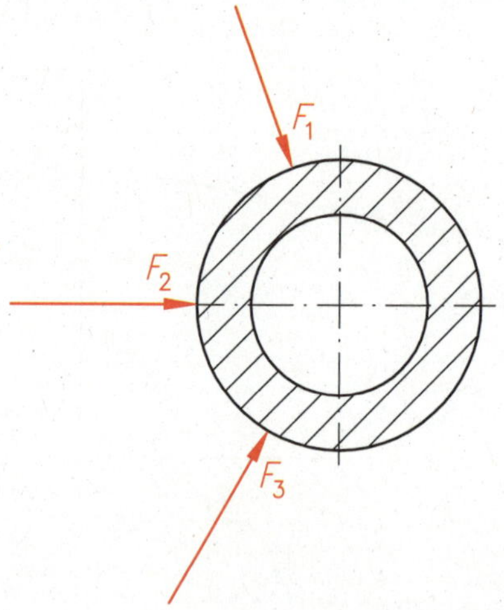

4. Aufgabe: Welche Gewichtskraft F_G (in kN) darf gehoben werden, wenn jedes Stahlseil mit höchstens 50 kN belastet werden darf? Lösen Sie die Aufgabe durch Zeichnung und Rechnung.

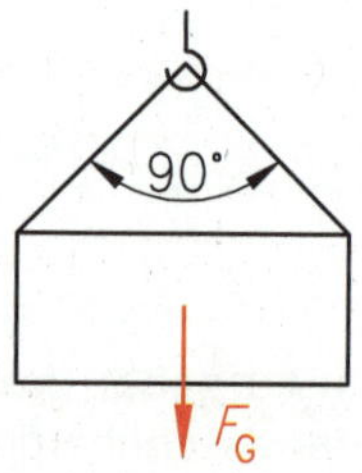

5. Aufgabe: Am Ende eines Gartentors wirkt eine Kraft F von 400 N (siehe Skizze). Wie groß (in N) sind die Zug- bzw. Druckkräfte in den Stäben 1 und 2?

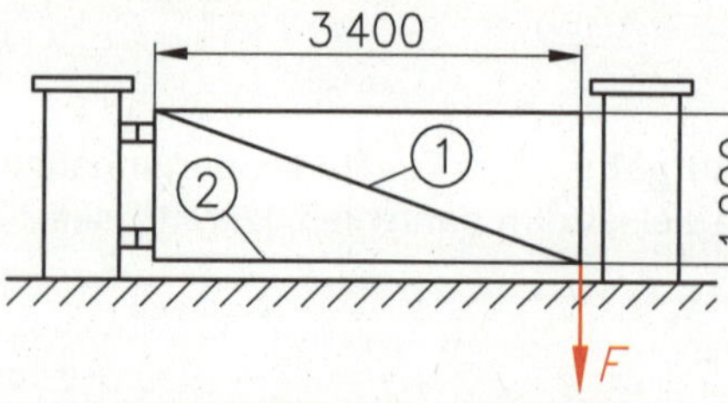

Bildnachweis: Di Gaspare, Michele (Bild und Technik Agentur für technische Grafik und Visualisierung)

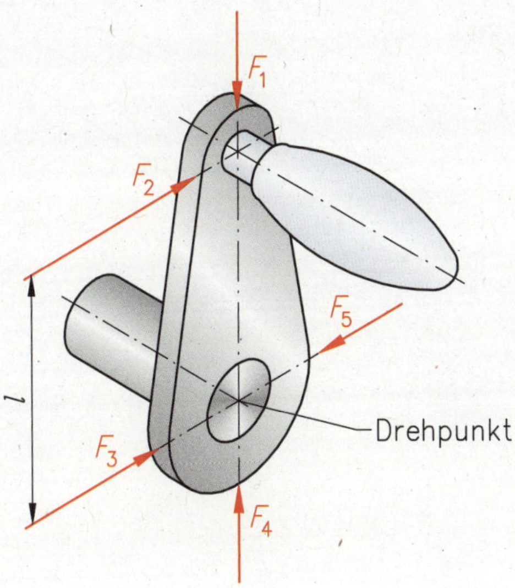

In der Physik wird die skizzierte Kurbel auch als ____________ bezeichnet.

Eine Drehwirkung wird nur mit der Kraft ______ erzielt. Diese Drehwirkung wird ____________ genannt. Mit den anderen Kräften wird kein Drehmoment erzielt, weil ihre ____________ durch den Drehpunkt gehen.

Um ein Drehmoment zu erzeugen, sind daher zwei Voraussetzungen notwendig:

– ____________ (z. B. 300 N)

– ____________ (= ____________

Abstand der Wirkungslinie vom Drehpunkt)

Das Drehmoment wird umso größer, je ____________ die Kraft und je ____________ der Hebelarm ist.

M = ______ (______) ______ in ______ / ______ in ______

1. Aufgabe: Die gezeichnete Kurbel wird mit der Kraft von 300 N bewegt. Der Hebelarm hat eine Länge von 20 cm. Berechnen Sie das Drehmoment (in Nm).

2. Aufgabe: Das maximale Drehmoment für die Zylinderkopfschrauben eines Kompressors ist mit 40 Nm angegeben.

a) Berechnen Sie die Kraft (in N) bei 160 mm wirksamer Schlüssellänge.

b) Wie lang (in mm) muss die Hebellänge sein, wenn nur 200 N Anzugskraft aufgebracht werden?

3. Aufgabe:

a) Wie groß ist das Drehmoment (in Nm), wenn die Kraft F_1 mit 200 N zugrunde gelegt wird?

b) Berechnen Sie das Drehmoment (in Nm), wenn F_2 wirkt und ebenfalls 200 N beträgt.

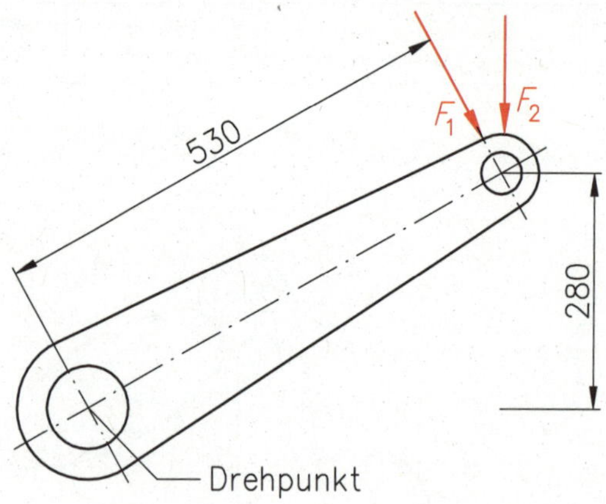

4. Aufgabe:

Ein Gartentor ist in A und B gelagert.

a) Welches Drehmoment (in Nm) tritt im Lager A auf?

b) Berechnen Sie die Lagerkraft (in N) in B.

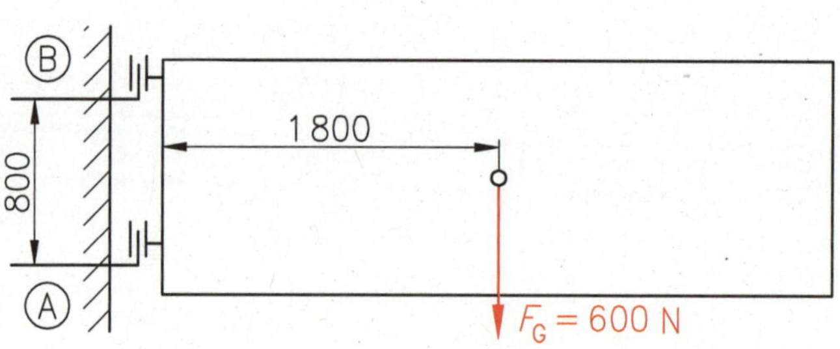

In einem Metallbaubetrieb werden 700 Stahlbolzen mit einer Länge von 30 ± 0,1 hergestellt. 4 % der Bolzen werden einer Stichprobe unterzogen.
Berechnen Sie die Anzahl der zu prüfenden Werkstücke.

1. Urliste

Prüfteil-Nr.	Prüfmaß:						
1 bis 7	30,0	29,9	30,15	30,1	29,8	29,98	29,93
8 bis 14	30,18	29,8	29,95	30,0	30,05	30,15	30,1
15 bis 21	29,91	30,1	30,0	30,03	29,85	30,05	30,01
22 bis 28	29,92	30,0	29,82	30,05	30,2	30,1	29,9

2. Strichliste

a) **Klassenanzahl *k***

$k = \sqrt{n}$; n = Anzahl der Prüfwerkstücke; $k =$ ____ ; $k =$ ____ ; $k \approx$ ____

b) **Spannweite *R***

$R = x_{max} - x_{min}$; Aus Urliste: x_{max} ist größter, x_{min} ist kleinster Messwert; $R =$ ____ ; $R =$ ____

c) **Klassenbreite *W***

$W = \frac{R}{k}$; $W =$ ____ ; $W =$ ____

d) Tragen Sie die Messwerte in die Tabelle ein. Beginnen Sie mit dem kleinsten Messwert und vergrößern Sie ihn jeweils um die errechnete Klassenbreite W.

Klassenanzahl-Nr.	Messwerte		Strichliste	absolute Häufigkeit	relative Häufigkeit (%)
	≥	<			
			Summe		

e) **Relative Häufigkeit in %**

3. Balkendiagramm

Zeichnen Sie die Länge der Bolzen in Abhängigkeit von der absoluten Häufigkeit als Balkendiagramm.

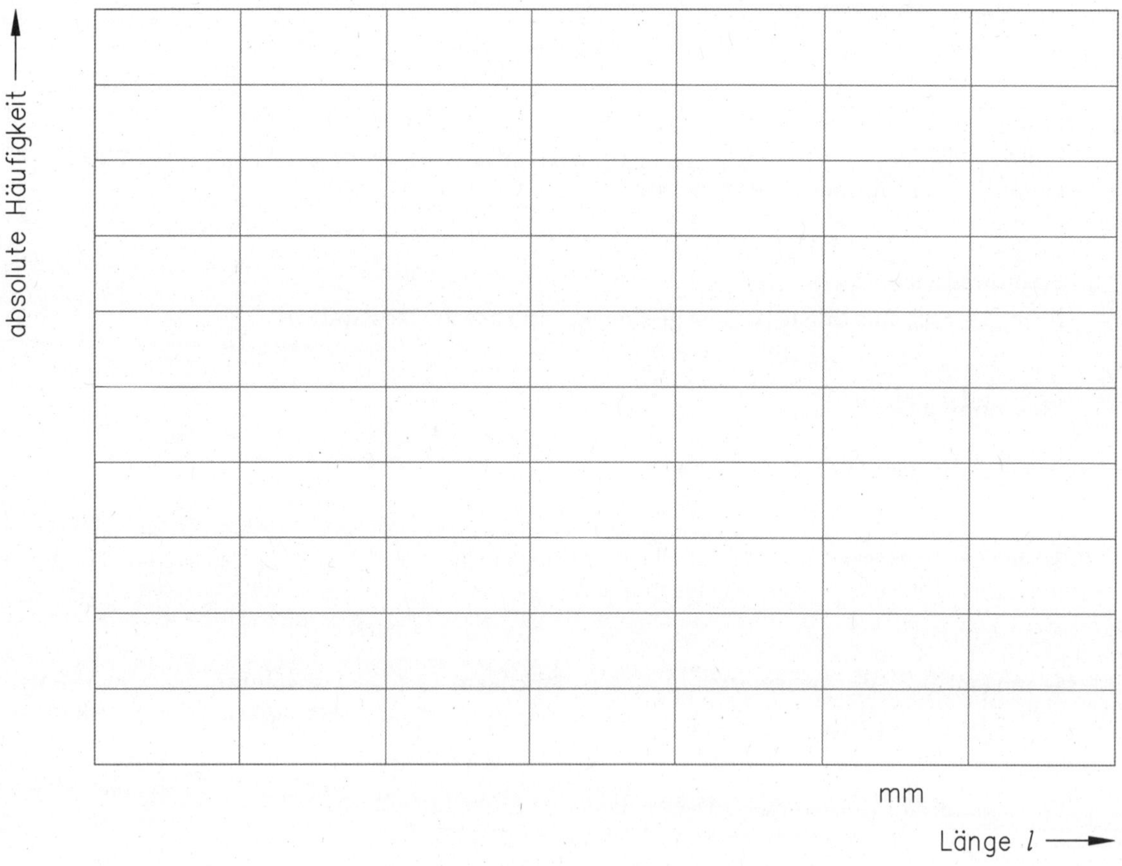

Bildnachweis: Di Gaspare, Michele (Bild und Technik Agentur für technische Grafik und Visualisierung)

Berechnen Sie vom skizzierten Werkstattkran den Winkel α.

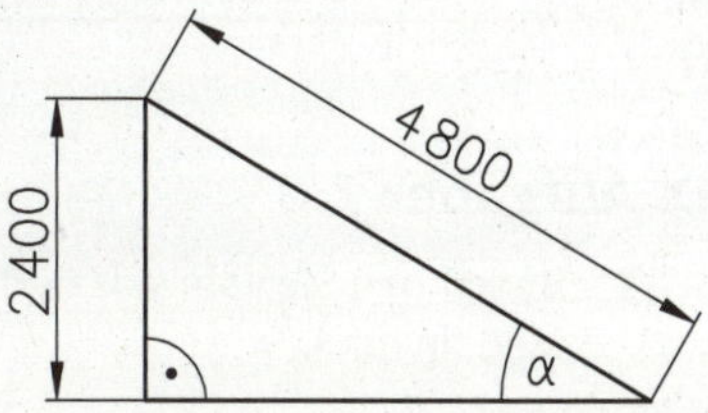

A. Bezeichnungen im rechtwinkeligen Dreieck

Vom Lehrsatz des Pythagoras kennen Sie die Bezeichnungen im rechtwinkeligen Dreieck.

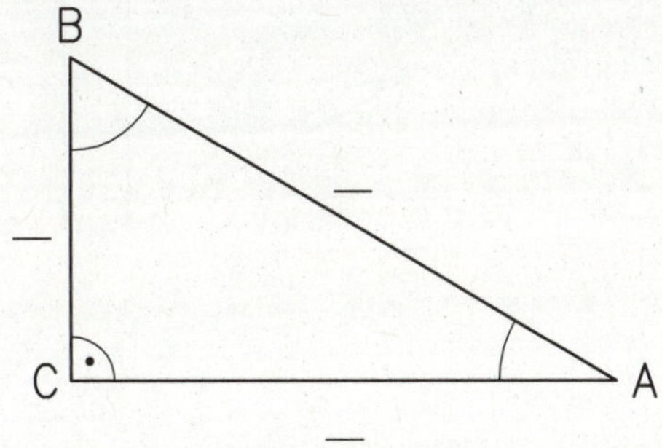

a, b = ____________ (bilden den rechten Winkel)

c = ____________ (längste Seite im rechtwinkeligen Dreieck, liegt dem rechten Winkel gegenüber)

Vom Winkel α aus betrachtet:

a = ____________

b = ____________

Vom Winkel β aus gesehen:

a = ____________

b = ____________

B. Sinusfunktion

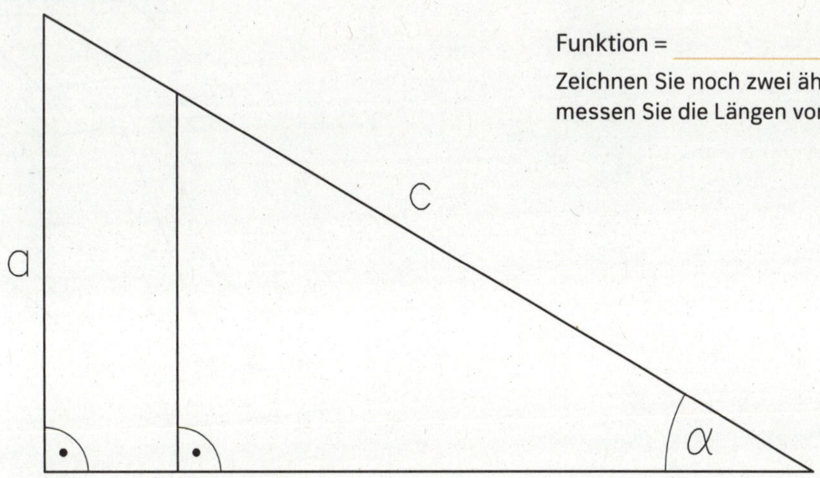

Funktion = ____________

Zeichnen Sie noch zwei ähnliche rechtwinkelige Dreiecke ein und messen Sie die Längen von Gegenkathete und Hypotenuse.

a (mm)	60	50	____	____
c (mm)	120	100	____	____

Berechnen Sie das Ergebnis der Teilung $a : c$ aller Dreiecke.

$\frac{a}{c}$ = ____________ ____

Erkenntnis: ____________

Das Ergebnis dieser Teilungen wurde in Tabellen und im Taschenrechner festgehalten und heißt Sinus des Winkels.

$\sin \alpha = 0{,}5 \longrightarrow \alpha =$ ____ °

sin = ____________

Bildnachweis: Di Gaspare, Michele (Bild und Technik Agentur für technische Grafik und Visualisierung)

C. Tangens- und Cosinusfunktion

tan = ____________________

cos = ____________________

D. Aufgaben

1. Berechnen Sie vom skizzierten Regalträger das fehlende Maß (in mm).

Geg.:

Ges.:

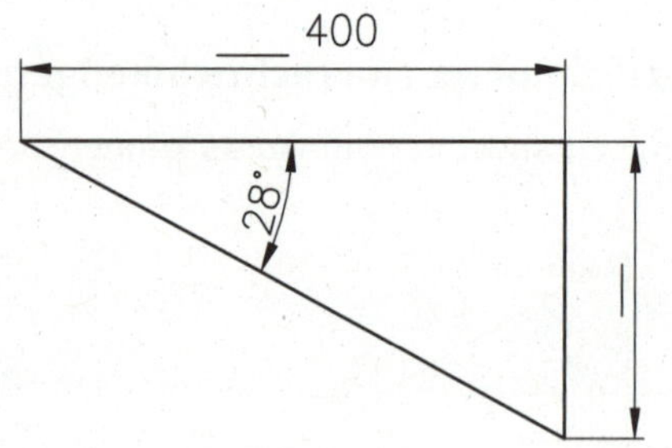

Mit den Winkelfunktionen können nicht nur Winkel berechnet werden!

2. Ein schmaler Formstahl I 240 wird unter einem Winkel von 50° abgeschrägt. Wie lang (in mm) ist die Schnittlänge?

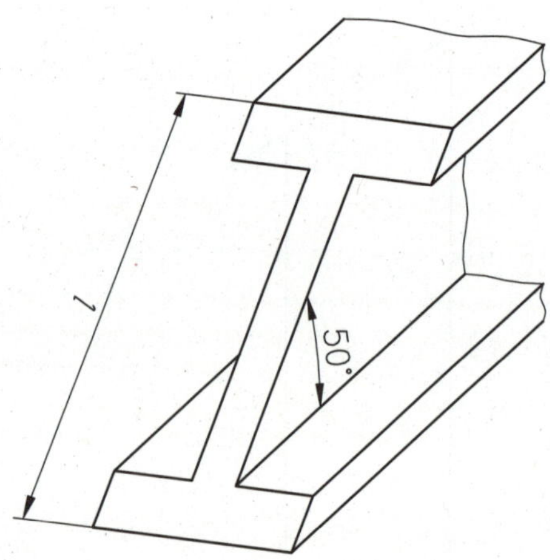

3. Ein Tor (620 x 418 mm) wird diagonal versteift. Berechnen Sie den Winkel α.

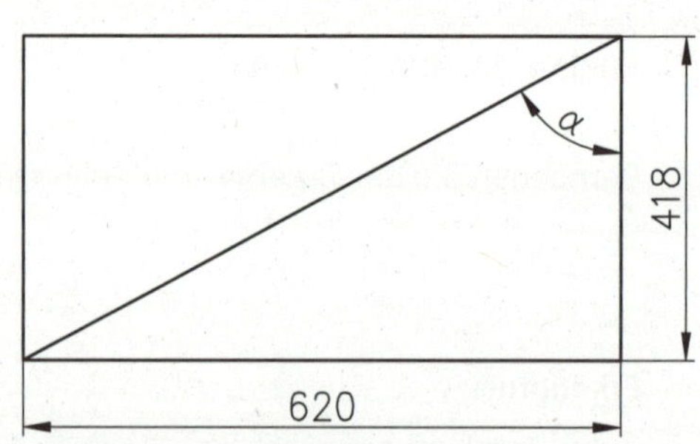

Bildnachweis: Di Gaspare, Michele (Bild und Technik Agentur für technische Grafik und Visualisierung)

A. Regeln der Temperatur eines elektrisch beheizten Glühofens

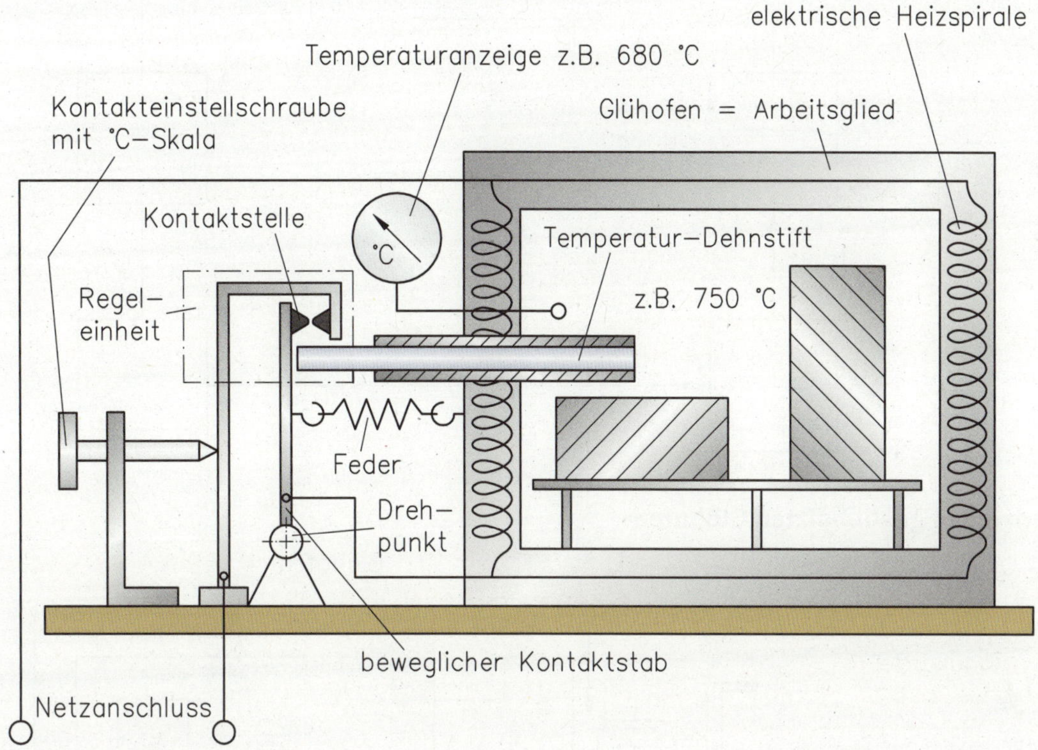

1. Im Beispiel wird die Glühofen- ____________________ geregelt; es ist die Regel- __________.
2. Die Glühofentemperatur soll 750 °C betragen; dieser Wert heißt __________-Wert. Er kann an der Kontakteinstellschraube, dem Sollwert- __________, eingestellt werden.
3. Die tatsächliche Glühofentemperatur beträgt jedoch 680 °C; es handelt sich um den ________-Wert.
4. Dieser wird vom Temperatur-Dehnstift, dem Temperatur- ____________ (= Messglied), erfasst und an den beweglichen Kontaktstab weitergegeben.
5. Sollwert und Istwert werden in der Regeleinheit miteinander verglichen. Im Beispiel wird eine Abweichung von _____ °C festgestellt.
6. Diese Abweichung kann durch Wärmeabgabe an das Werkstück oder durch Wärmeübertragung an den Raum entstanden sein; es handelt sich um __________-Größen.
7. Die Abweichung von 70 °C muss beseitigt werden. Der bewegliche Kontaktstab schließt die Kontaktstelle; es fließt Strom (= __________-Größe), die Heizspiralen heizen sich erneut auf.
8. Ist der Sollwert von _______ °C erreicht, findet der umgekehrte Vorgang statt; die Kontakte öffnen sich, der Stromkreis wird unterbrochen, die Heizung schaltet sich ab.

Eine Regelung spielt sich immer ______________ -förmig ab.

→ Fühlen → Vergleichen → Berichtigen →
(← ← ← ←)

Dieser Regelkreis kann vereinfach dargestellt werden:

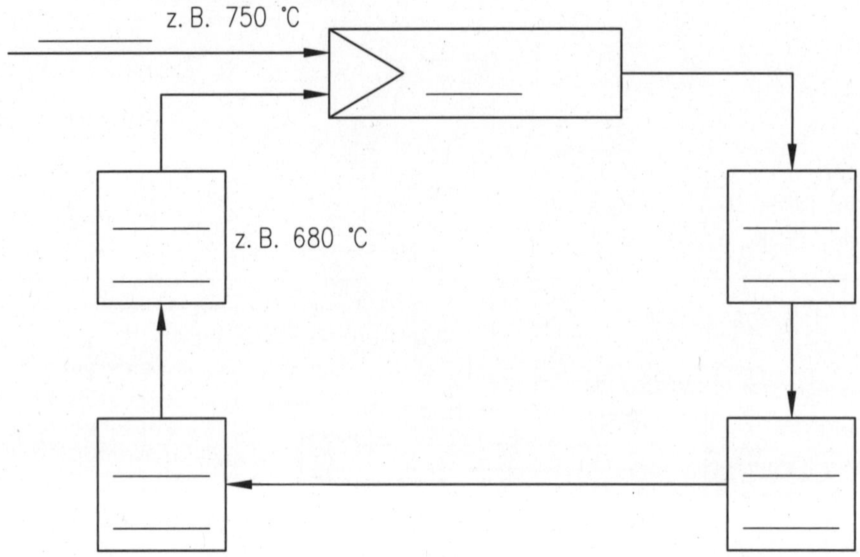

B. Steuern eines gasbeheizten Glühofens

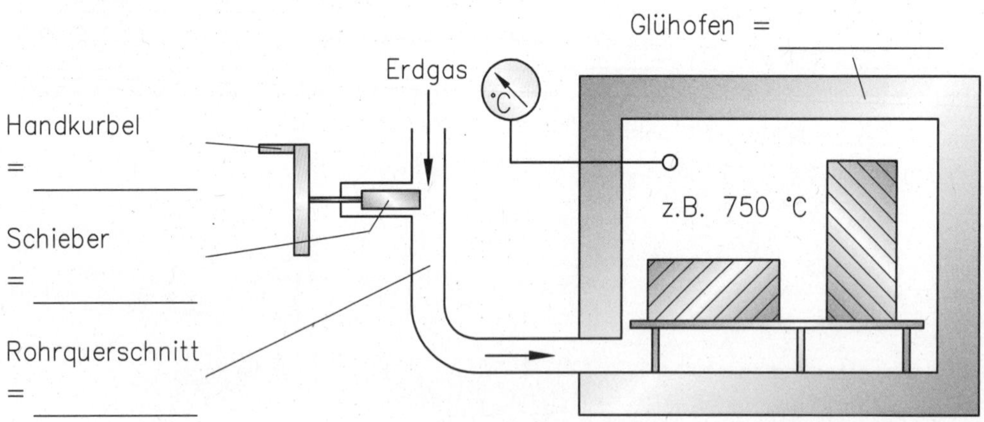

Durch Öffnen oder Schließen des Schiebers wird der Rohrquerschnitt (= ______________ -Größe) verändert und mehr oder weniger Erdgas dem Glühofen zugeführt. Dadurch kann die Temperatur des Glühofens gesteuert werden.

Im Gegensatz zur Regelung ist hier der Kreis ______________________________ :

Fühlen → Vergleichen → Berichtigen

Diese Steuerkette kann vereinfacht dargestellt werden:

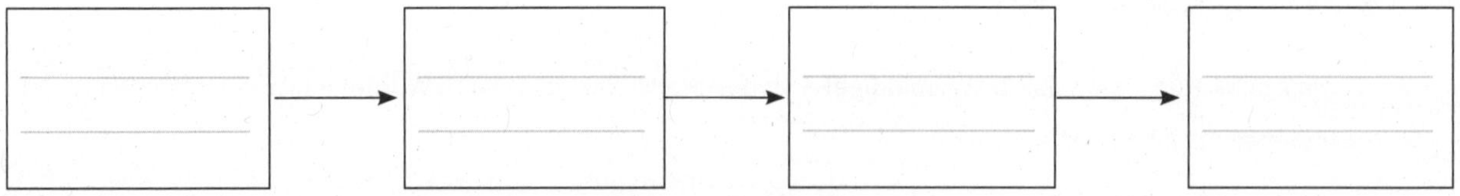

Nachteil: Störungen (z. B. Öffnen der Ofentür und dadurch Temperaturabfall) ______________________________

____

____

Nennen Sie noch andere Steuer- oder Regelgrößen.

____

____

Metallbautechnik	Datum:	Herstellen von einfachen Baugruppen	Lernfeld 3
Name:	Klasse:	Regeln und Steuern	19

Energieträger in Steueranlagen

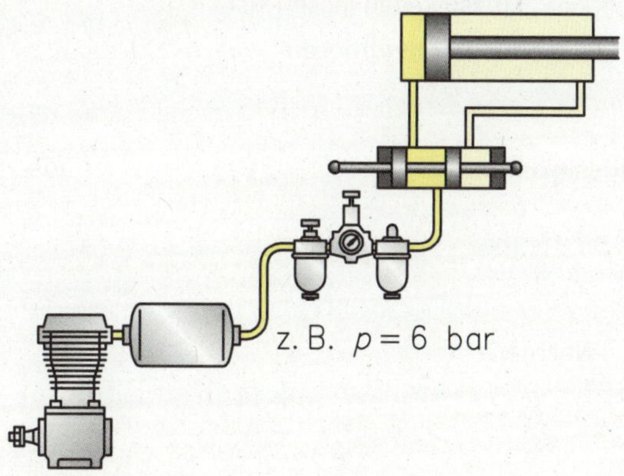

____

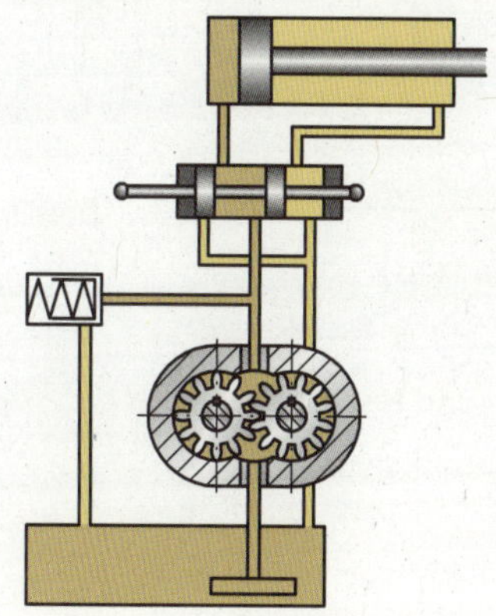

____

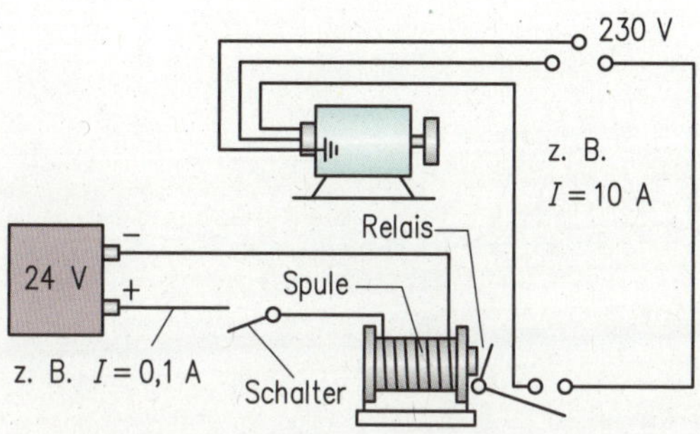

____

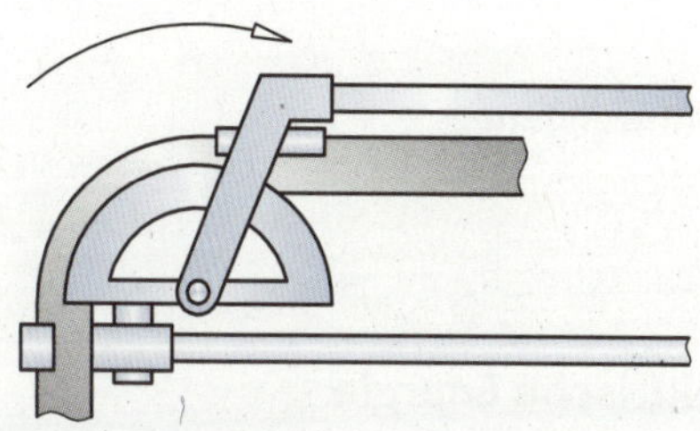

____

A. Luft

Das Steuern mit Druckluft heißt auch ______________________.

Messgerät: ______________________, z. B. ________ = 6 ________

1. Eigenschaften

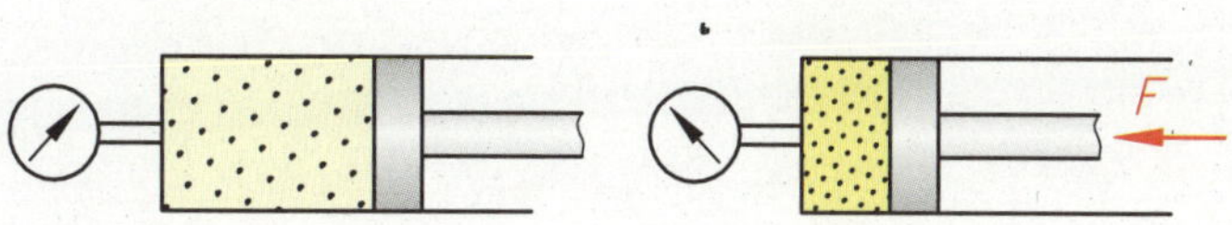

Gase lassen sich ____________ zusammendrücken oder ______________________.

2. Vor- und Nachteile

Vorteile	Nachteile

3. Anwendung

____

____

Bildnachweis: Di Gaspare, Michele (Bild und Technik Agentur für technische Grafik und Visualisierung)

B. Öl

Das Steuern mit Flüssigkeiten, z. B. Öl, heißt ____________.

Messgerät: ____________, z. B. ______ = 20 ______

1. Eigenschaften

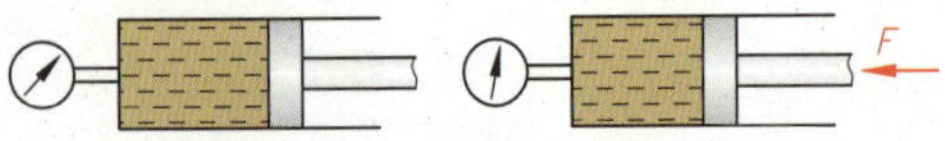

Flüssigkeiten lassen sich ____________ zusammendrücken.

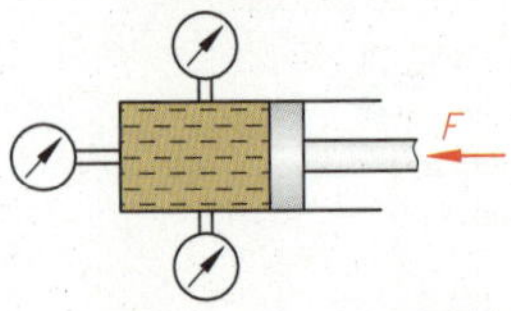

Der Druck breitet sich in Flüssigkeiten ____________ aus, an jeder Stelle herrscht ____________.

2. Vor- und Nachteile

Vorteile	Nachteile
____________	____________
____________	____________
____________	____________
____________	____________
____________	____________

3. Anwendung

____

____

C. Elektrische Energie

1. Eigenschaften

Übertragung mit ____________ -Geschwindigkeit (300 000 km/s).

Messgerät: ____________, z. B. ______ = 3 ______

2. Vor- und Nachteile

Vorteile	Nachteile
____________	____________
____________	____________
____________	____________
____________	____________

3. Anwendung

____

____

D. Mechanische Energie

Messgerät: ____________, z. B. ______ = 200 ______

1. Vor- und Nachteile

Die Vor- und Nachteile hängen wesentlich von der Baugröße und dem jeweiligen Verwendungszweck ab. So hat eine einfache Biegezange wesentlich weniger, aber auch andere Nachteile als ein Getriebe.

Vorteile	Nachteile
Unabhängig von anderen Energiearten,	z. B. Getriebe: ____________
z. B. von ____________	____________
____________	____________

2. Anwendung

Feder- oder gewichtsbelastete Steuerungen, z. B. ____________

____

Bildnachweis: Di Gaspare, Michele (Bild und Technik Agentur für technische Grafik und Visualisierung)

Wirkungsweise einfacher pneumatischer Steuerungen

A. Öffnen eines Schiebetors

Zeichnen Sie mit Pfeilen den Weg der Druckluft ein.

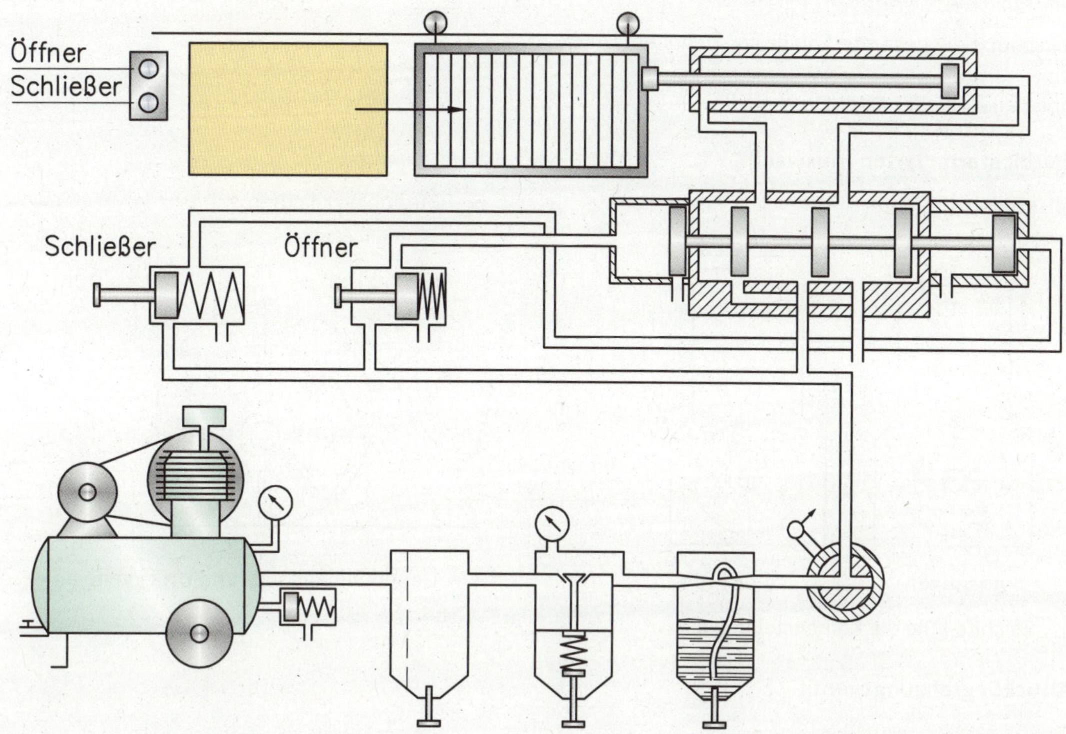

B. Schließen eines Schiebetors

Zeichnen Sie die Kolbenstellungen der Bauteile 1 bis 4 ein, geben Sie auch hier den Druckluftweg an.

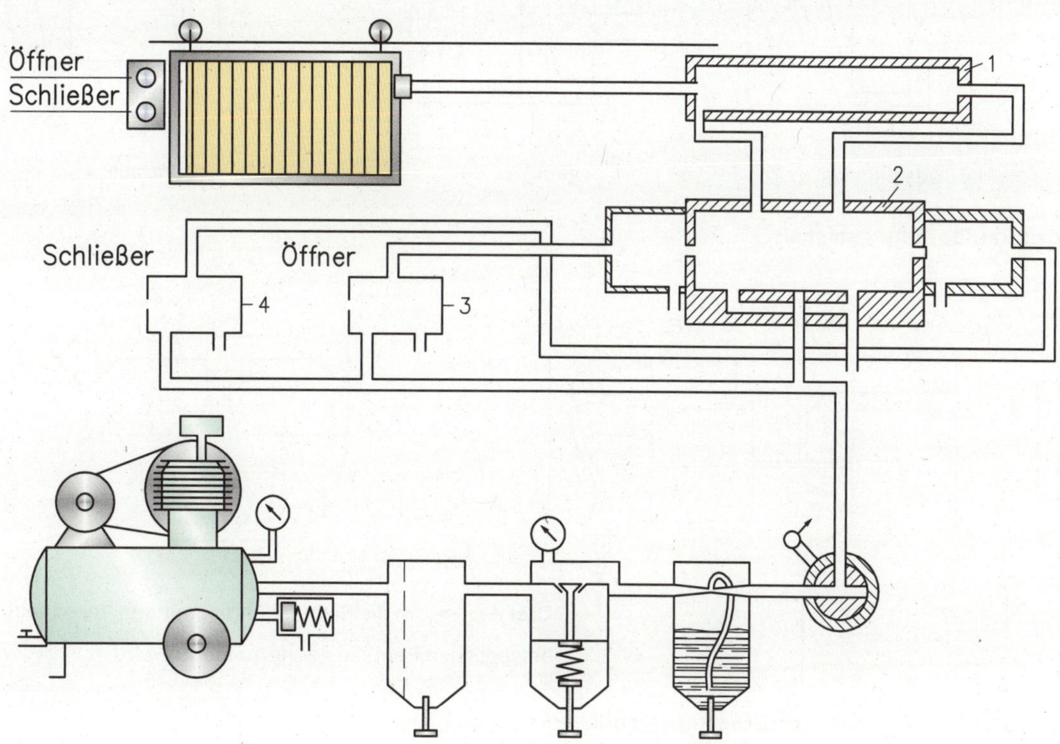

Bauteile und Sinnbilder pneumatischer Steuerungen

A. Druckquelle

Zu ihr gehören: ______________________________

____

Der ______________ saugt Luft über den ______________ aus der Umgebung an, verdichtet die gereinigte Luft auf 10 bis 15 bar und speichert sie im ______________ .

Ist der Höchstdruck erreicht, wird der ______________ ausgeschaltet. Ein Druckbegrenzungsventil schützt die gesamte Anlage vor zu hohem Druck.

Sinnbild aller Glieder einer Druckquelle:

1. Verdichterbauarten (Auswahl)

a) Kolbenverdichter

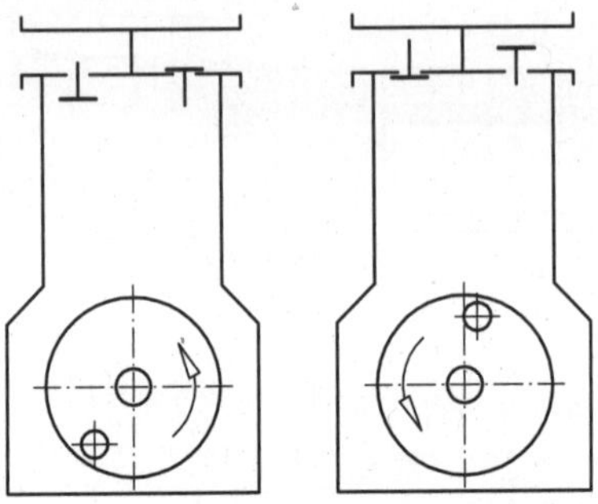

Ansaugen   Verdichten

Zeichnen Sie die Kolbenstellung ein.

b) Rotationsverdichter

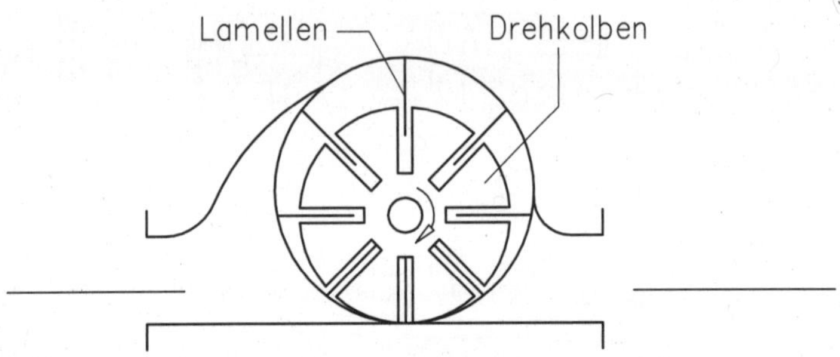

Geben Sie Ansaug- und Druckseite an.

2. Druckbegrenzungsventil

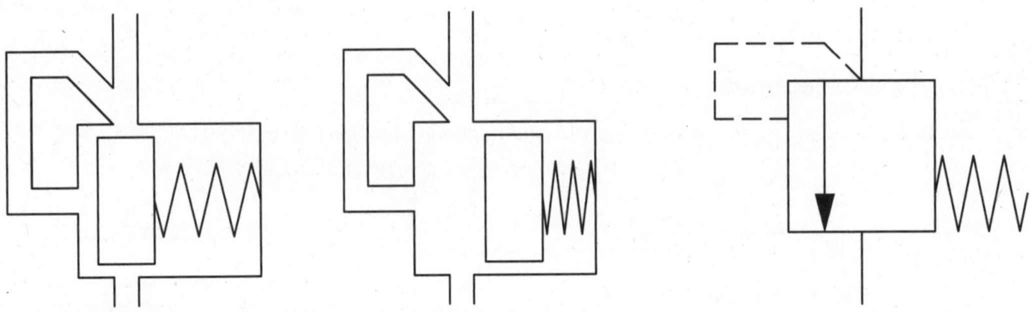

geschlossen   geöffnet   Symbol

3. Druckaufbereitungseinheit

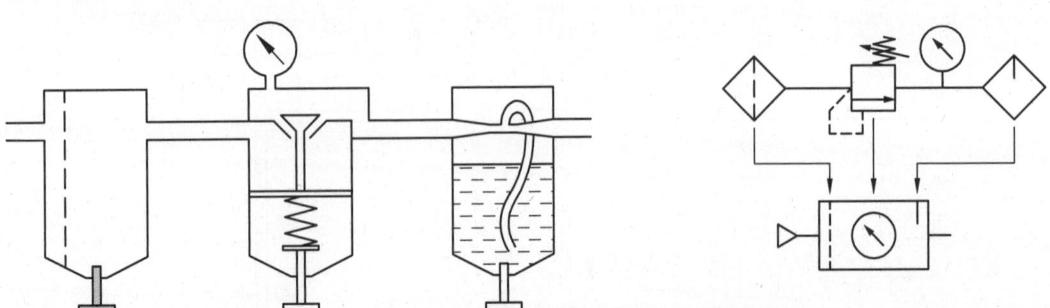

Öler ⟶ Um die Reibung und damit den Verschleiß der beweglichen Bauteile gering zu halten, wird ______ vernebelt.

Druckregelventil ⟶ Es dient zum ______________ und ______________ des Arbeitsdrucks.

Filter ⟶ Er ______________ die Druckluft.

B. Wegeventile

Diese Ventile steuern den Weg der Druckluft. Wie werden sie deshalb genannt?

____

1. Schaltstellungen

Bildhafte Darstellung

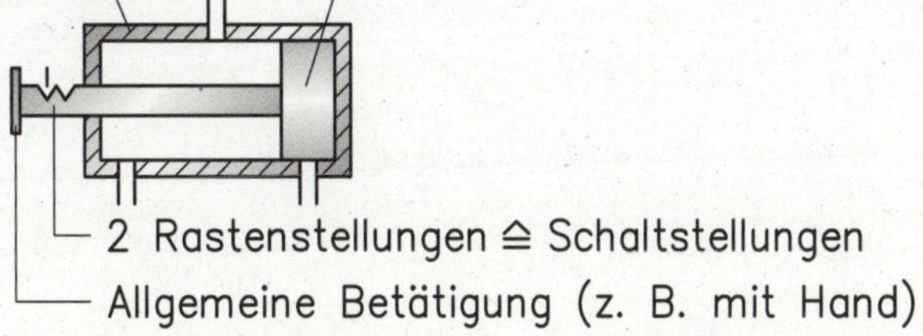

Symbolhafte Darstellung:

Ein Wegeventil wird als ______________ dargestellt.

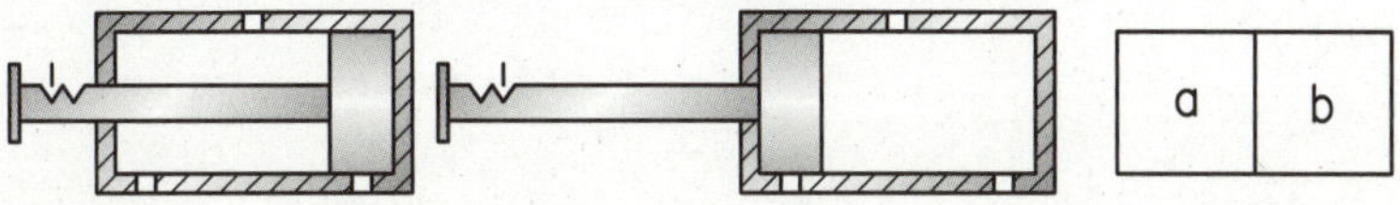

Die Anzahl der Quadrate gibt die Anzahl der ______________ an.

2. Anschlüsse

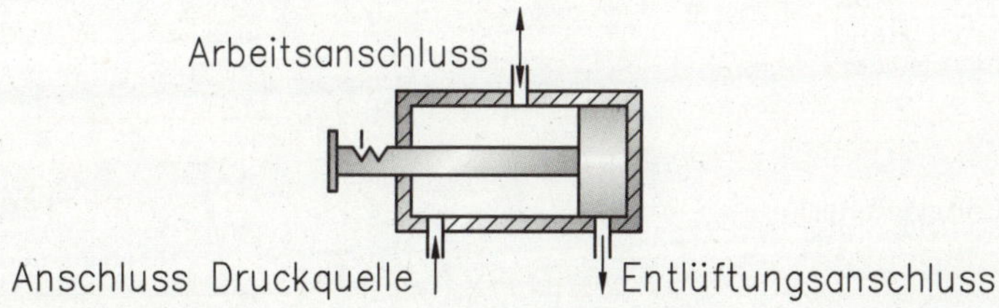

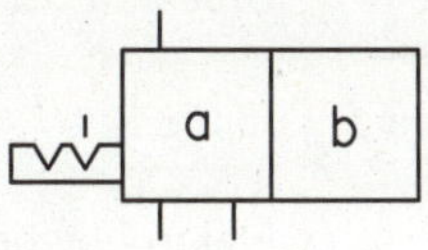

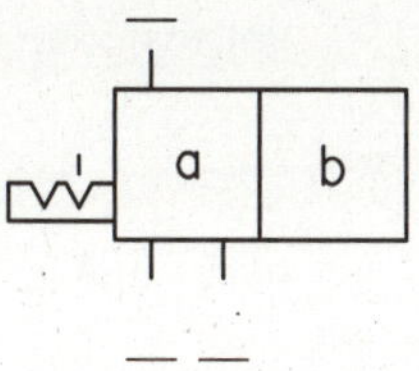

Alle Anschlüsse werden als ______________ an das Quadrat gezeichnet.

Die Anschlüsse werden mit Zahlen oder Großbuchstaben bezeichnet.

Druckanschluss	Arbeitsanschlüsse (__________ Zahlen)			Entlüftungsanschlüsse (__________ Zahlen)		
1 = P	2 = A	4 = B	6 = C	3 = R	5 = S	7 = T

Bezeichnen Sie die Anschlüsse in der rechten symbolhaften Darstellung mit Zahlen.

3. Funktion

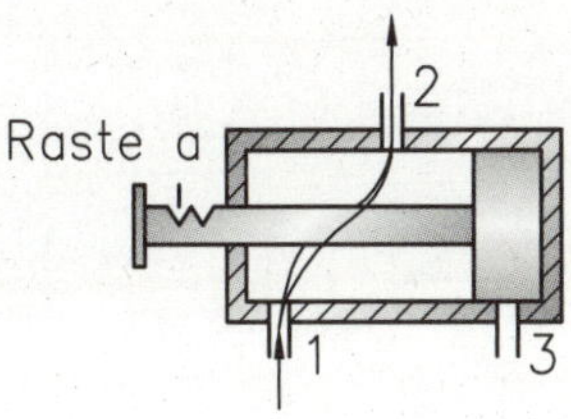

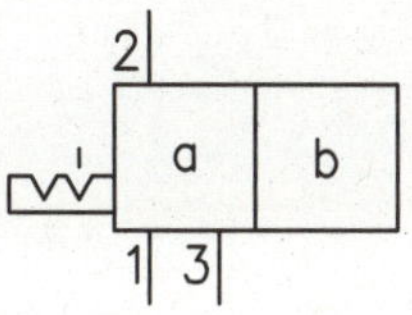

↑ ≙ ______________

T ≙ ______________

____

Durchfluss von ______ nach ______, Anschluss ______ ist gesperrt.

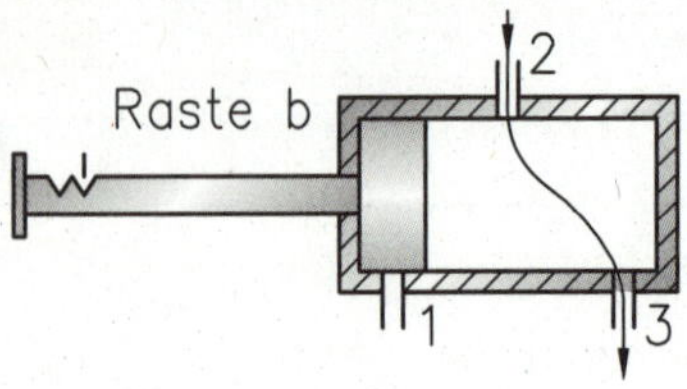

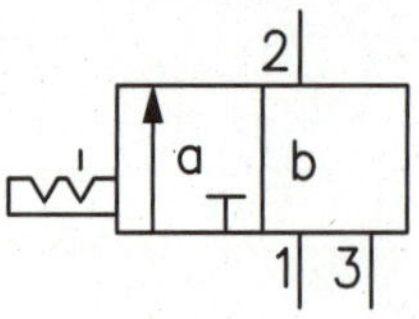

Durchfluss von ______ nach ______, Anschluss ______ ist gesperrt.

4. Bezeichnung der Wegeventile

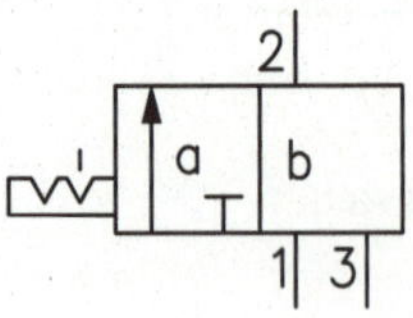

______ Anschlüsse, ______ Schaltstellungen

______ / ______ -Wegeventil

5. Betätigungsarten der Ventile (Auswahl)

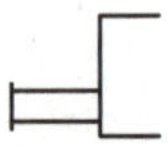	allgemein	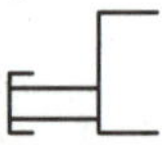	Druckknopf
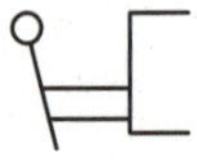	Hebel (Hand)	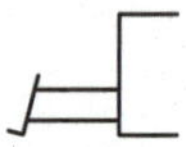	Pedal (Fuß)
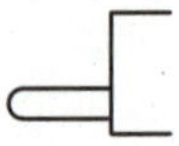	Stößel (Taster)		Feder
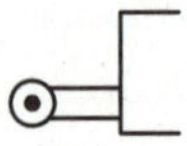	Rollenstößel (Tastrolle)	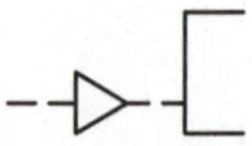	Druckluft
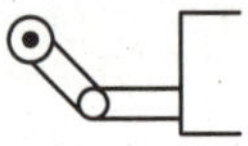	Rollenstößel, nur in eine Richtung arbeitend	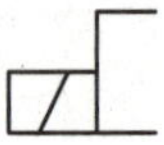	Elektromagnet

Benennen Sie die skizzierten Wegeventile. Geben Sie auch die Betätigungsart an.

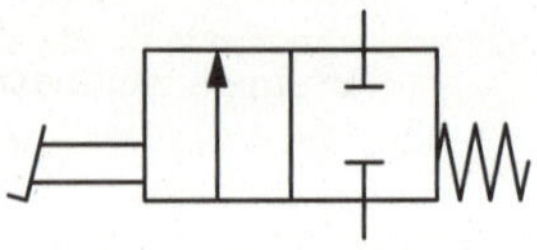	
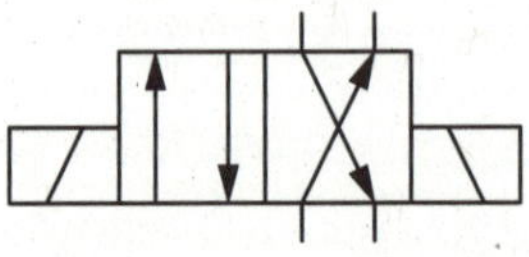	
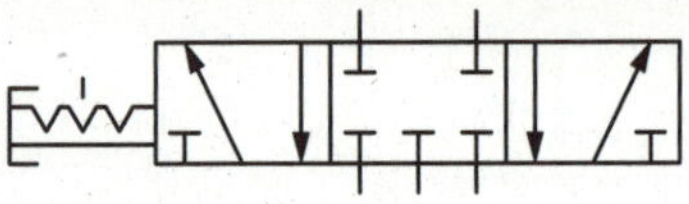	

C. Sperrventile (Auswahl)

Diese Ventile sperren den Weg in eine Richtung.

1. Rückschlagventile

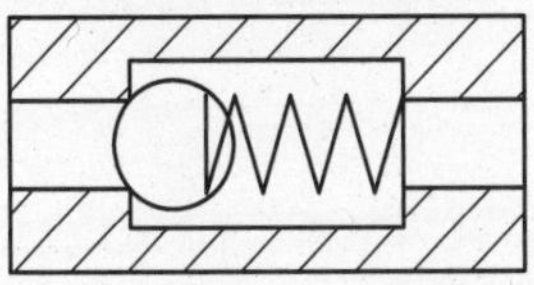
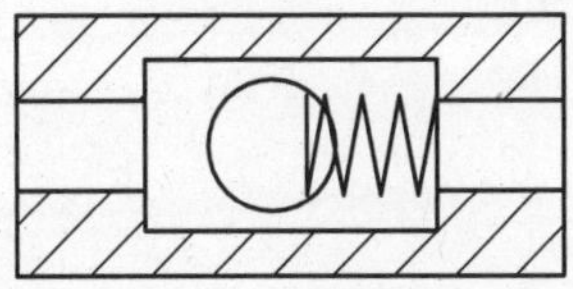

Durchfluss

______________ ______________

______________ ______________

Rückschlagventil

2. Wechselventile

Wechselventile besitzen zwei ______________ und einen ______________.

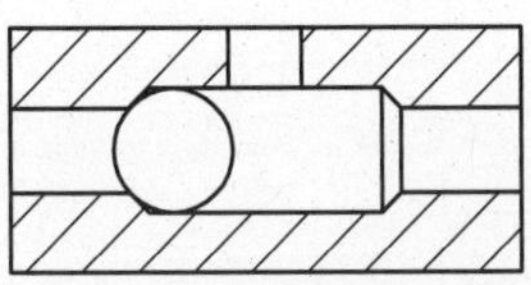
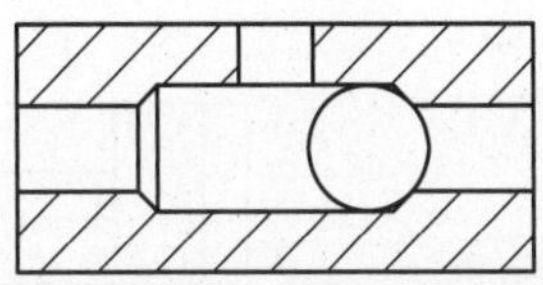
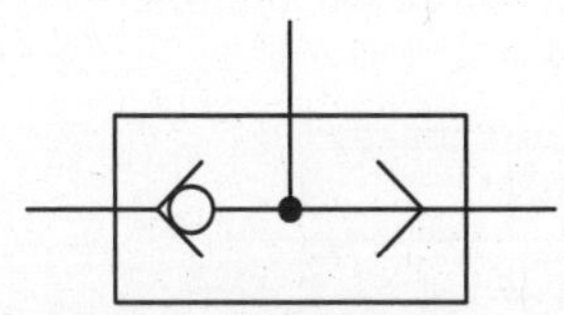

Der nicht benötigte Eingang wird automatisch gesperrt. Wie können diese Ventile benutzt werden?

____

3. Stromventile (Auswahl)

Mit diesen Ventilen kann der Druckluftstrom und dadurch die Strömungsgeschwindigkeit eingestellt werden.

a) Drosselventile

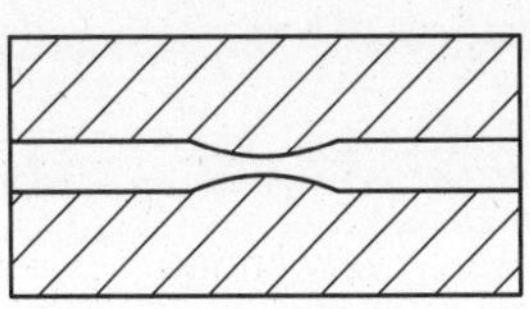
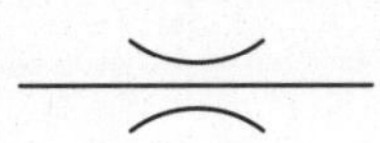
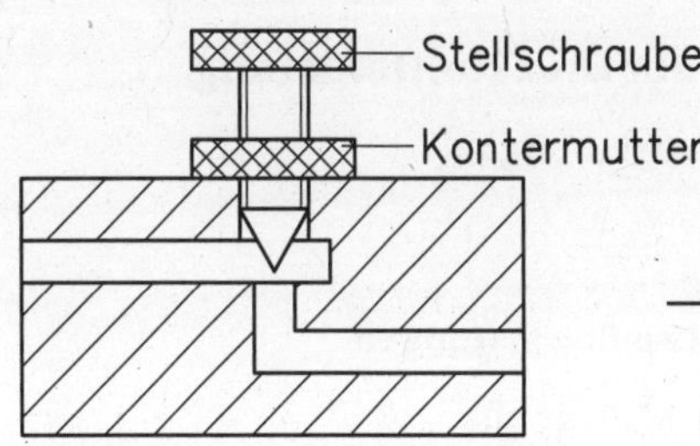

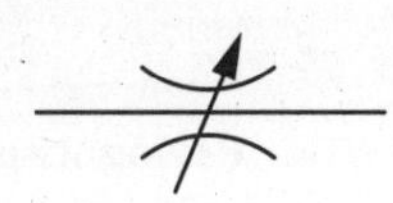

______________ ______________

b) Drosselrückschlagventile

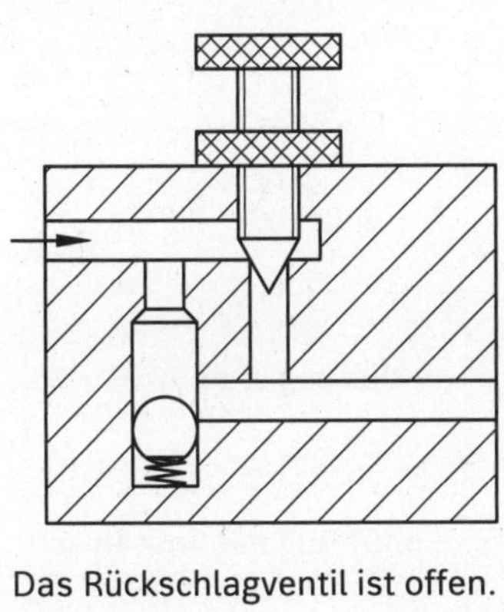
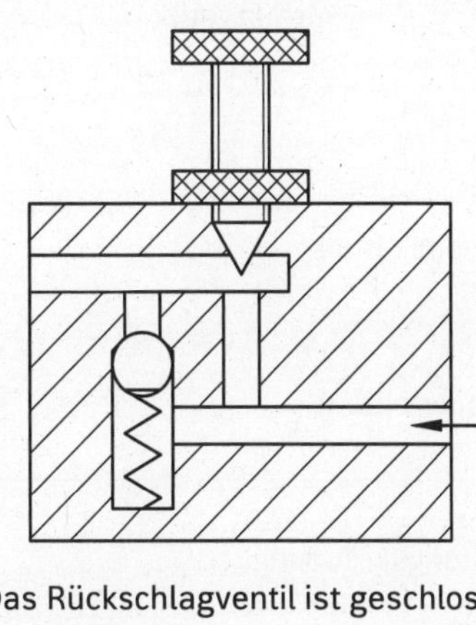
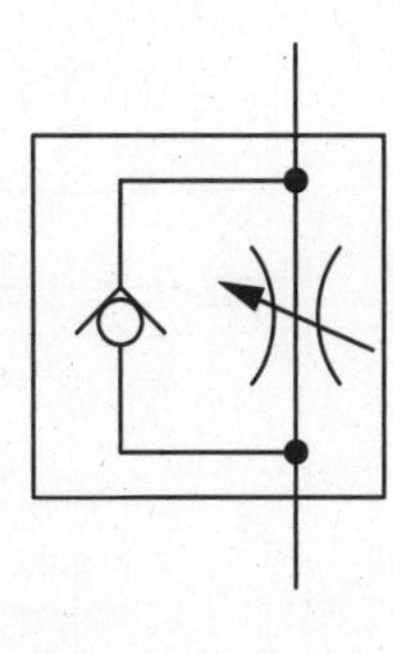

Das Rückschlagventil ist offen.

Auswirkung: ______________

____

____

____

Das Rückschlagventil ist geschlossen.

Auswirkung: ______________

____

____

____

D. Arbeitsglieder (Auswahl)

1. Einfach wirkende Zylinder

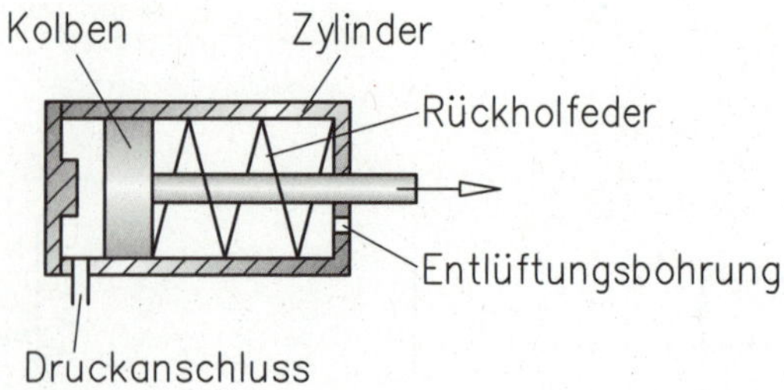

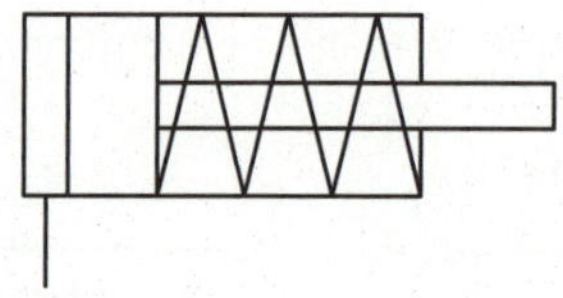

Der Kolben wird von der Druckluft bewegt. Welches Bauteil bringt den Kolben wieder in die Ausgangsstellung?

____

Wie viele Anschlüsse haben einfach wirkende Zylinder?

____

2. Doppelt wirkende Zylinder

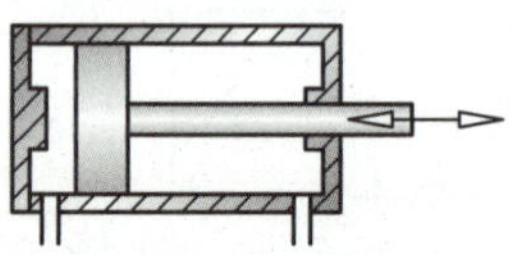

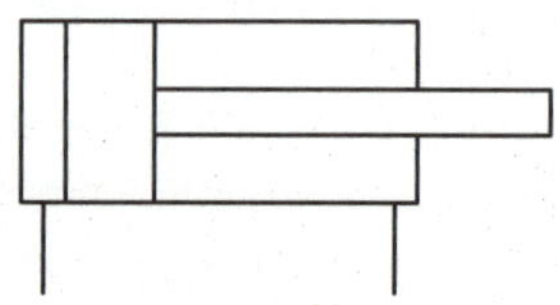

Wie viele Anschlüsse haben doppelt wirkende Zylinder?

____

E. Elemente zur Druckluftförderung

1. Starre Rohrleitungen

Material: ______________________________

2. Bewegliche Rohrleitungen

Es werden Schläuche aus ____________________ oder ____________________ verwendet.

3. Rohrverbindungen

Die Leitungen werden durch Rohr- ____________________ oder durch lösbare ____________________ verbunden.

4. Symbole für Rohrleitungen

	Arbeitsleitung	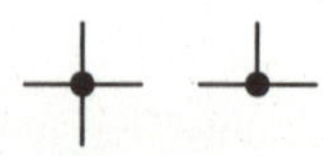	Leitungsverbindung
	Steuerleitung	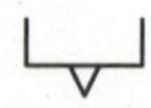	Entlüftung ohne Anschluss
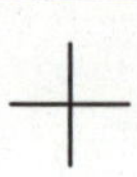	Leitungskreuzung	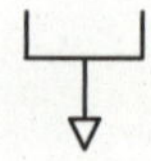	Entlüftung mit Anschluss

Direkte Steuerung eines einfach wirkenden Zylinders

A. Problemstellung

Ein Sperrriegel soll auf Knopfdruck ein Tor zum Öffnen freigeben.
Erstellen Sie bei C. den Schaltplan, bei D. den Funktionsplan.

Lageplan

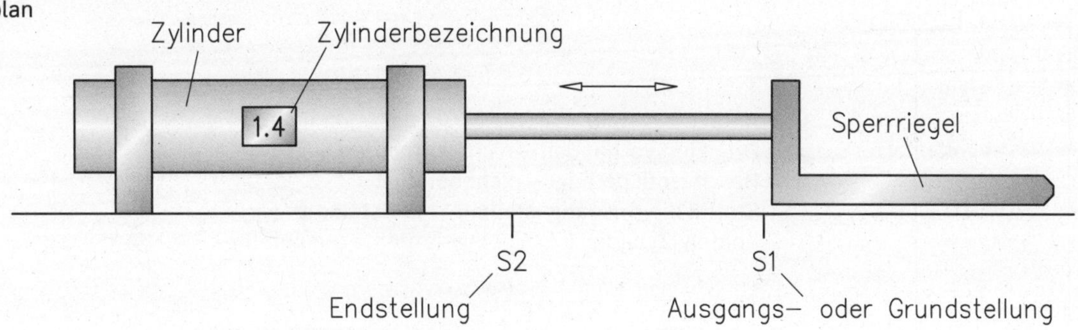

B. Arbeitsmittel

Einfach wirkender Zylinder, 3/2-Wegeventil mit Druckknopf- und Federbetätigung (Start), Druckquelle (Betriebsdruck p = ______ bar) mit Aufbereitungseinheit, Druckmessgerät, 3/2-Wegeventil (Hauptventil) mit zwei Rasterstellungen (allgemeine Betätigung).

C. Schaltplan

Ergänzen Sie den Schaltplan und verknüpfen Sie die einzelnen Bauglieder.

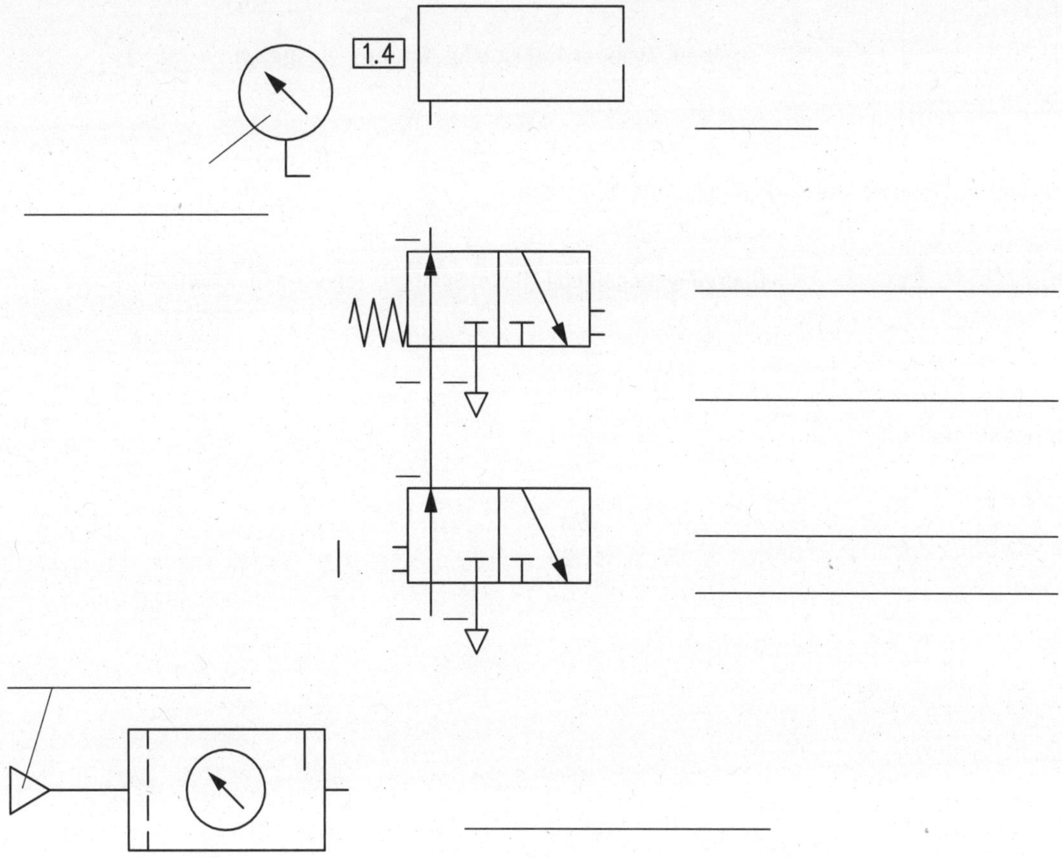

Bauen Sie die Steuerung auf und überprüfen Sie ihre Funktion.

D. Funktionsplan für eine Ablaufsteuerung (aus dem Französischen: GRAFCET)

Im folgenden Funktionsplan wird der Steuerungsablauf des Sperrriegels (siehe vorhergehende Seite) festgelegt. Die einzelnen Schritte werden durch ____________ dargestellt. Der Signalfluss wird als ____________ gezeichnet.

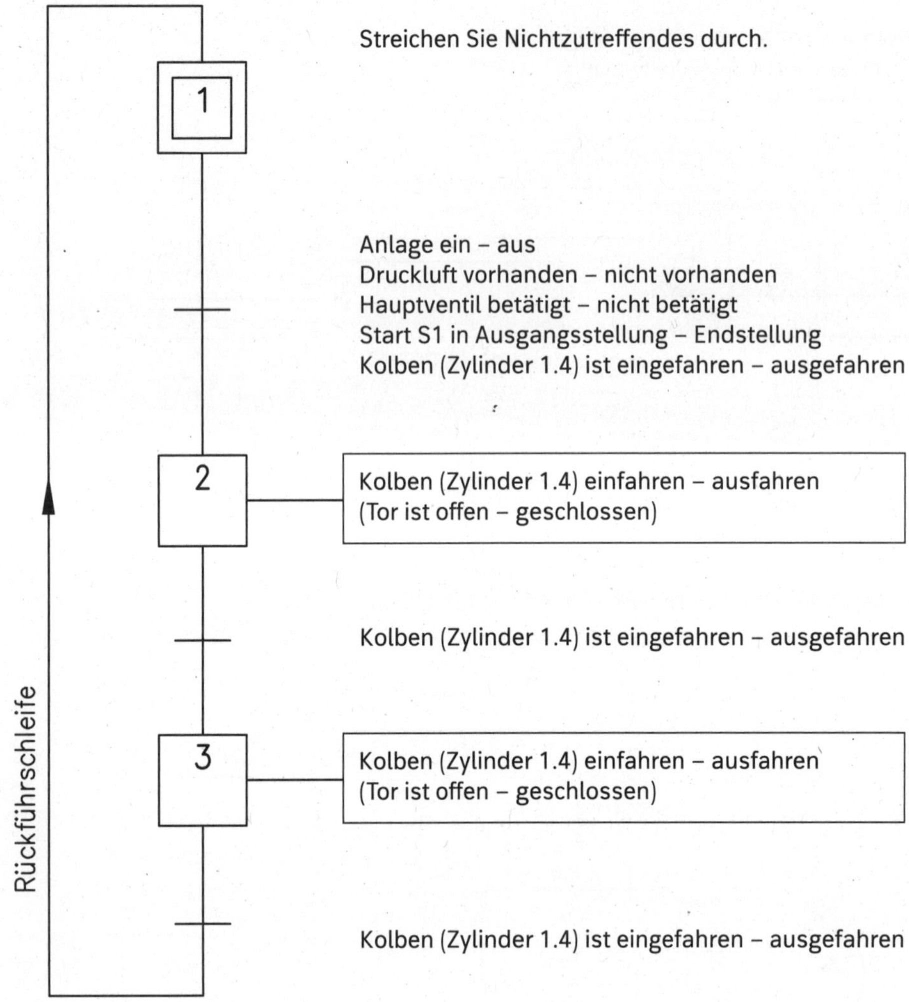

Erklärungen: Doppelquadrat = Anfangs- oder Startschritt

1, 2, 3 ... = Schrittnummer

┼ = Übergangsbedingung (Texte, Symbole, logische Gleichungen)

E. Arbeitssicherheit

Bildnachweis: Di Gaspare, Michele (Bild und Technik Agentur für technische Grafik und Visualisierung)

F. Der Sperrriegel soll das Tor wieder schließen

Ändern Sie den Schaltplan.

Bedingung: Das 3/2-Wegeventil (Start) mit Druckknopf- und Federbetätigung soll anstelle der Durchfluss-Nullstellung eine Sperr-Nullstellung aufweisen.

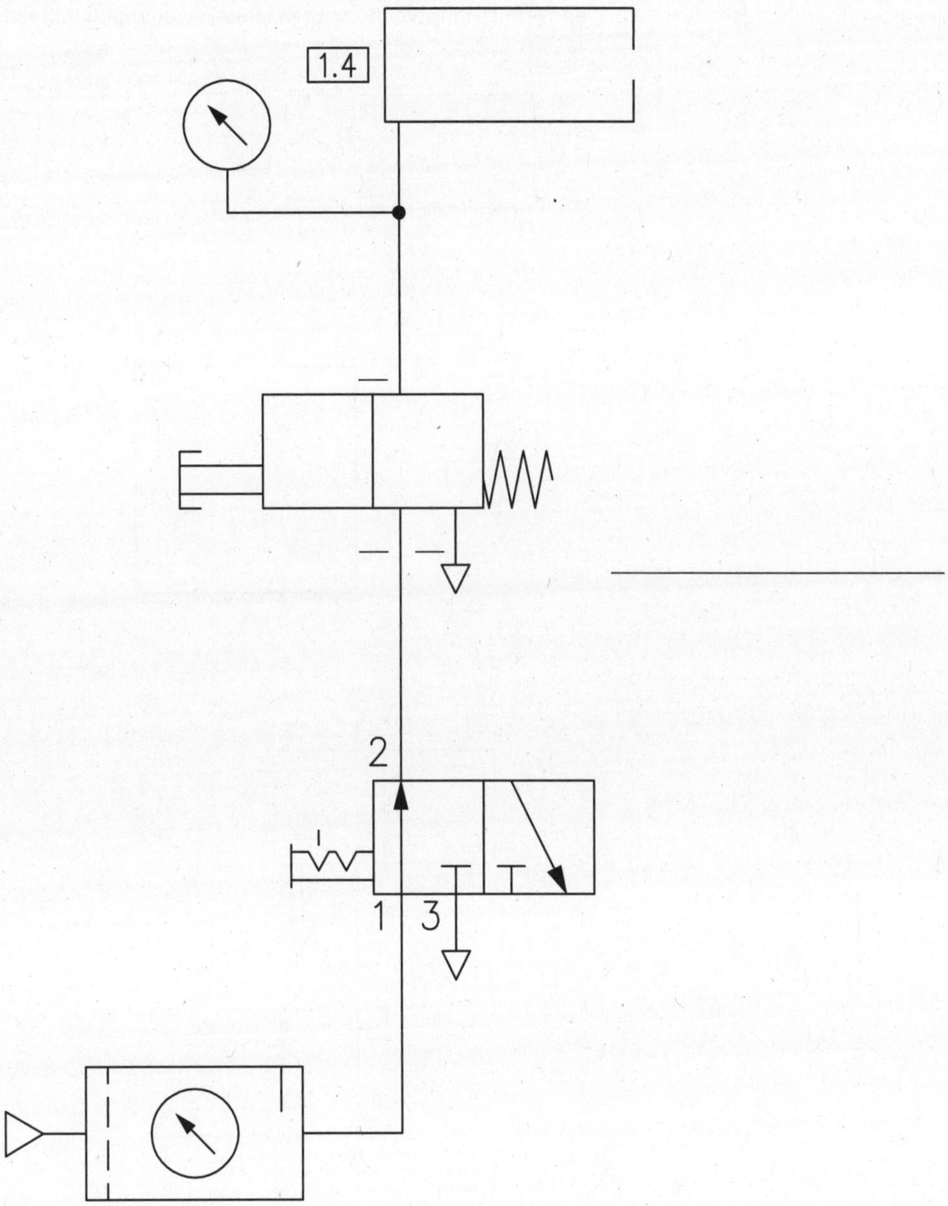

Bauen Sie die Steuerung auf und überprüfen Sie ihre Funktion.

Direkte Steuerung eines doppelt wirkenden Zylinders

A. Problemstellung

Ein doppelt wirkender Zylinder soll über ein 4/2-Wegeventil und ein Drosselrückschlagventil so verbunden werden, dass bei Betätigung des 4/2-Wegeventils die Schließgeschwindigkeit der Kolbenstange verringert wird.
Ergänzen Sie den Schaltplan.

B. Arbeitsmittel

Doppelt wirkender Zylinder, 4/2-Wegeventil mit Pedalbetätigung und Federrückstellung, Drosselrückschlagventil, Druckquelle mit Aufbereitungseinheit, 3/2-Wegeventil (Hauptventil) mit zwei Rasterstellungen (allgemeine Betätigung).

C. Schaltplan

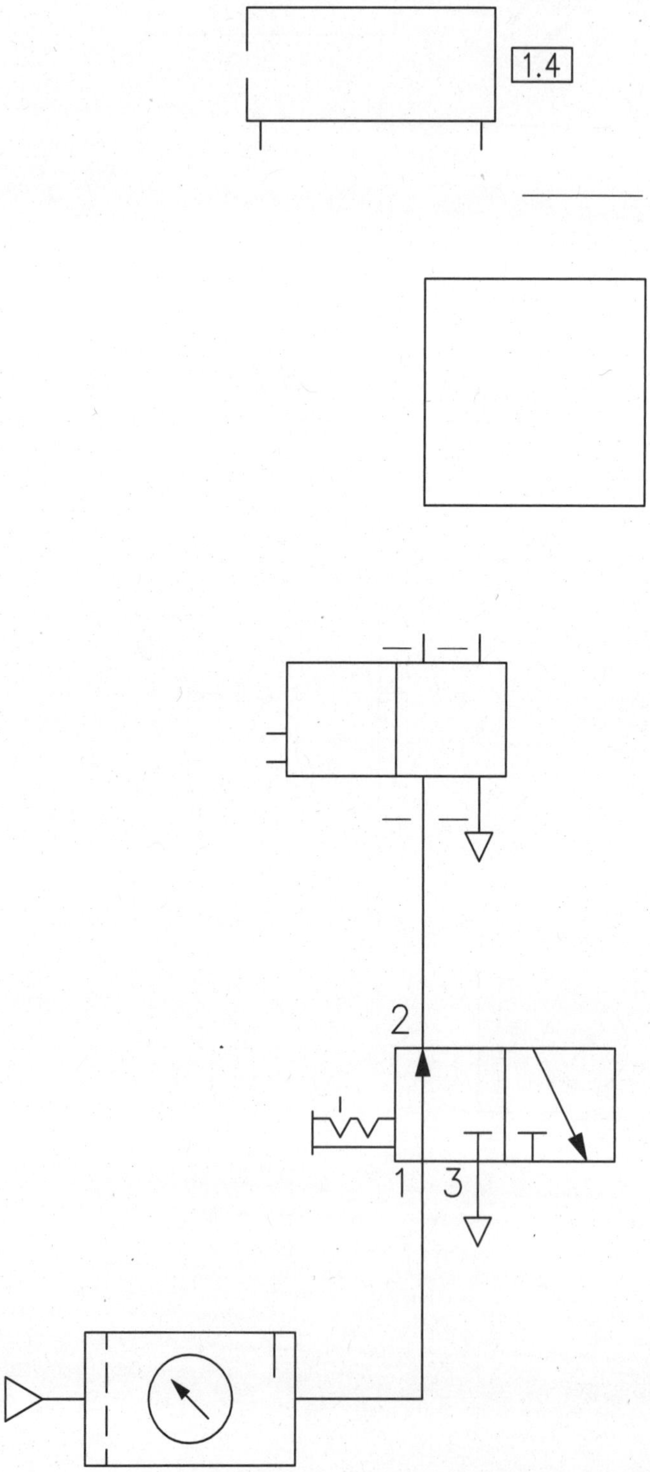

Erkenntnis: Die ____________________ wird gedrosselt = ________________________________.

D. Arbeitssicherheit

E. Der Vorlauf der Kolbenstange kann auch durch eine Drosselung der Abluft erfolgen

Ergänzen Sie den Schaltplan.

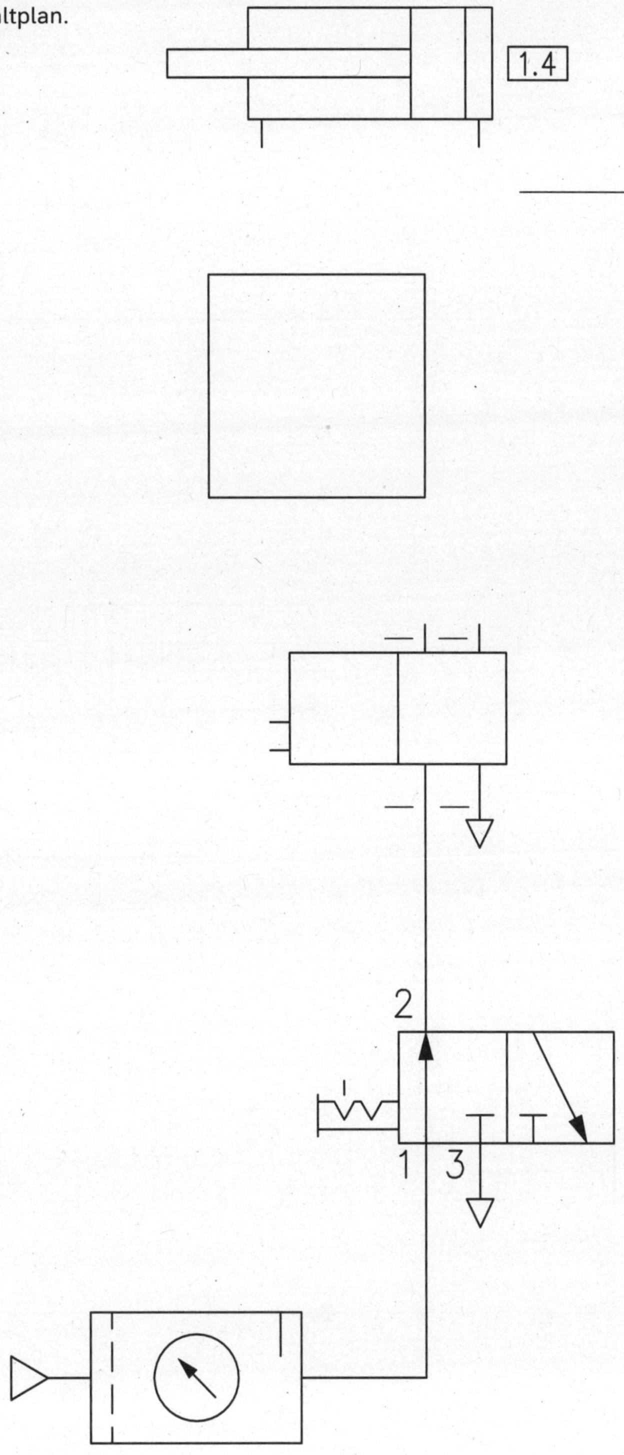

Vorteil der Abluftdrosselung:

F. Vervollständigen Sie die Schaltpläne

Bauen Sie die Steuerungen auf und überprüfen Sie die Funktionen.

1. Aufgabe

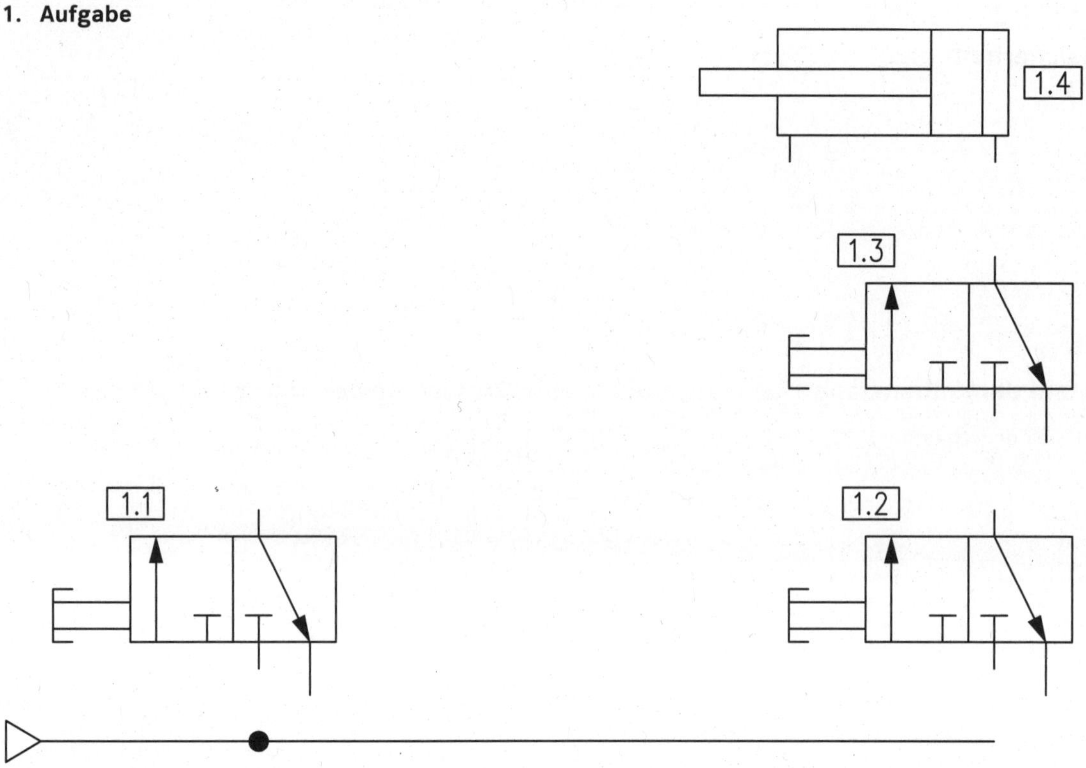

Erkenntnisse: ______________________________

____

____

2. Aufgabe

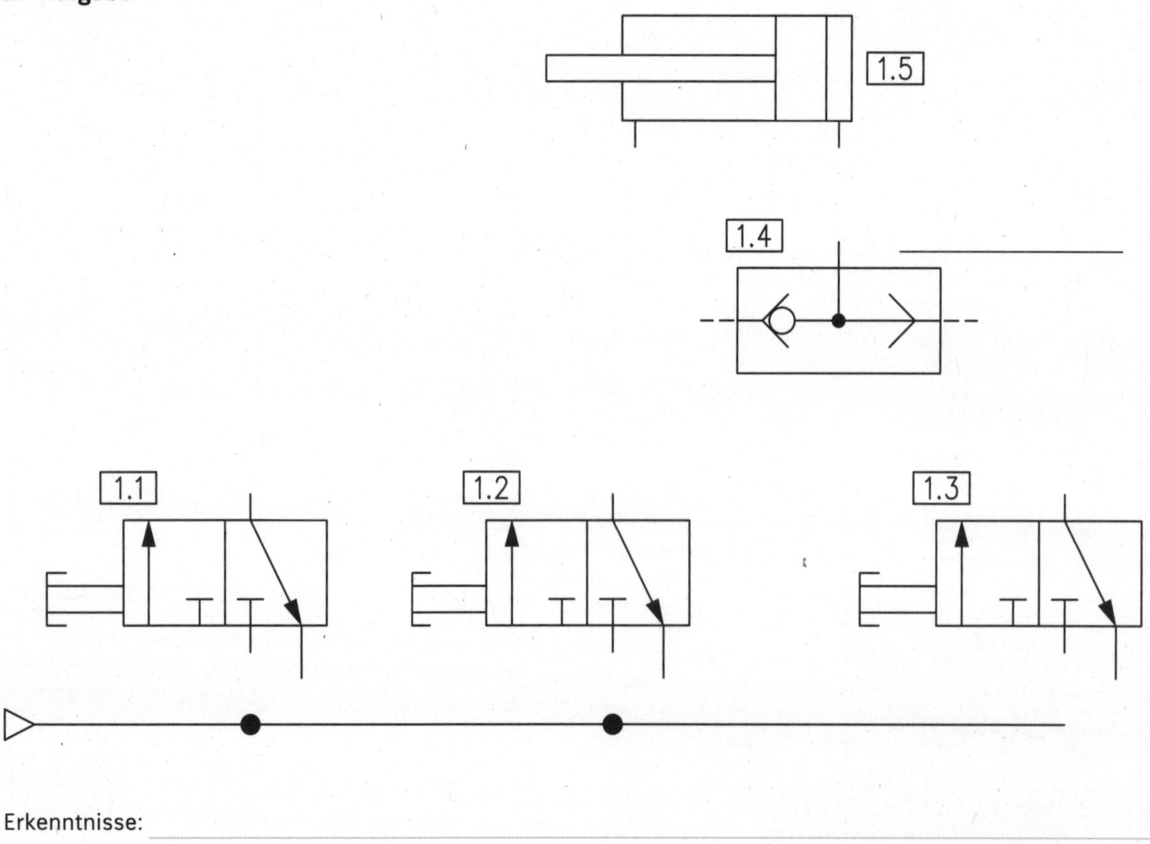

Erkenntnisse: ______________________________

____

____

Indirekte Steuerung eines doppelt wirkenden Zylinders

A. Schaltplan I

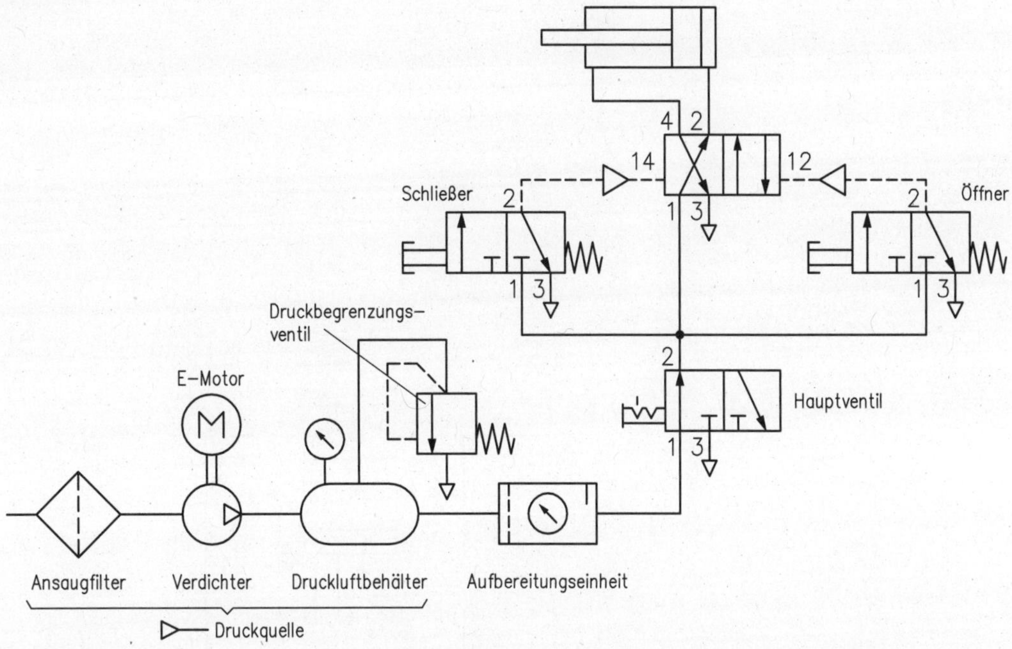

Diese Torsteuerung hat einen großen Nachteil: Die Öffnungs- und Schließ- ____________________ kann nicht eingestellt werden.
Versuchen Sie, diesen Nachteil zu beheben!.

B. Schaltplan II

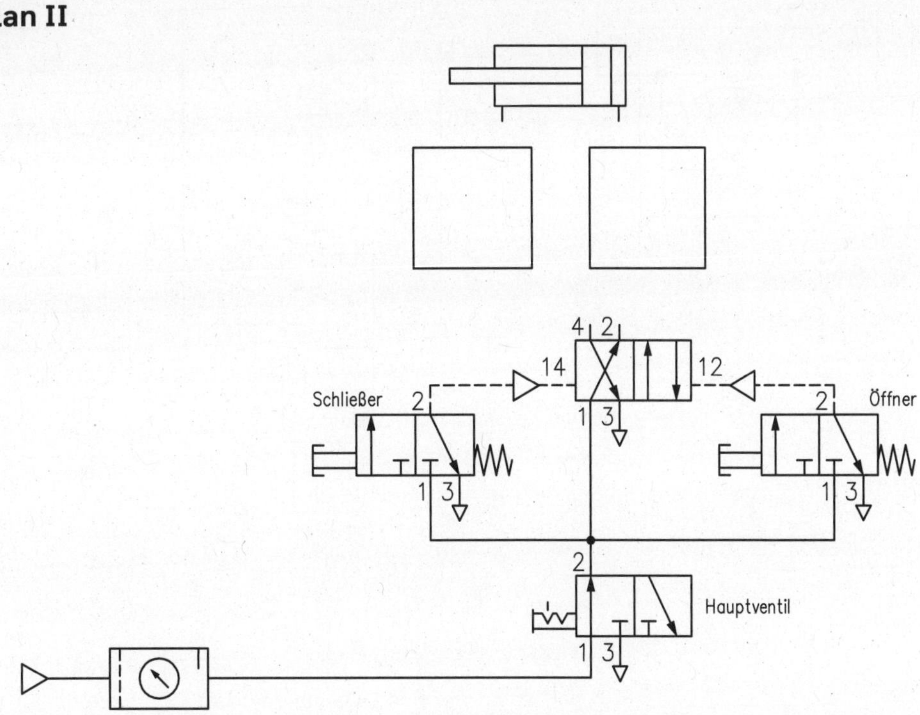

Öffnungs- und Schließgeschwindigkeit können mit ____________________ eingestellt werden.

C. Das Tor soll von außen und von innen steuerbar sein.

Erweitern Sie die Steuerung.

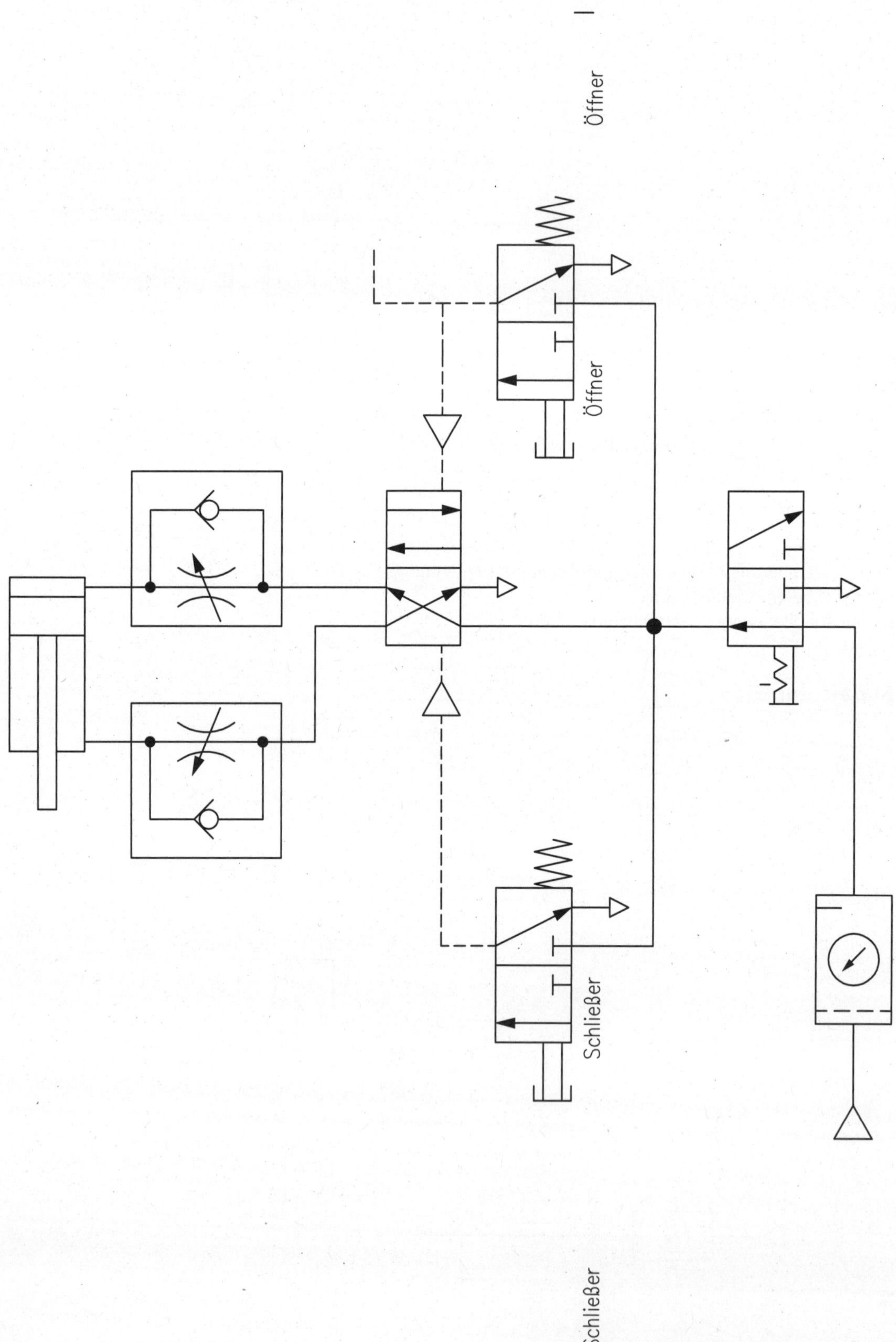

Steuerkette und ihre Glieder

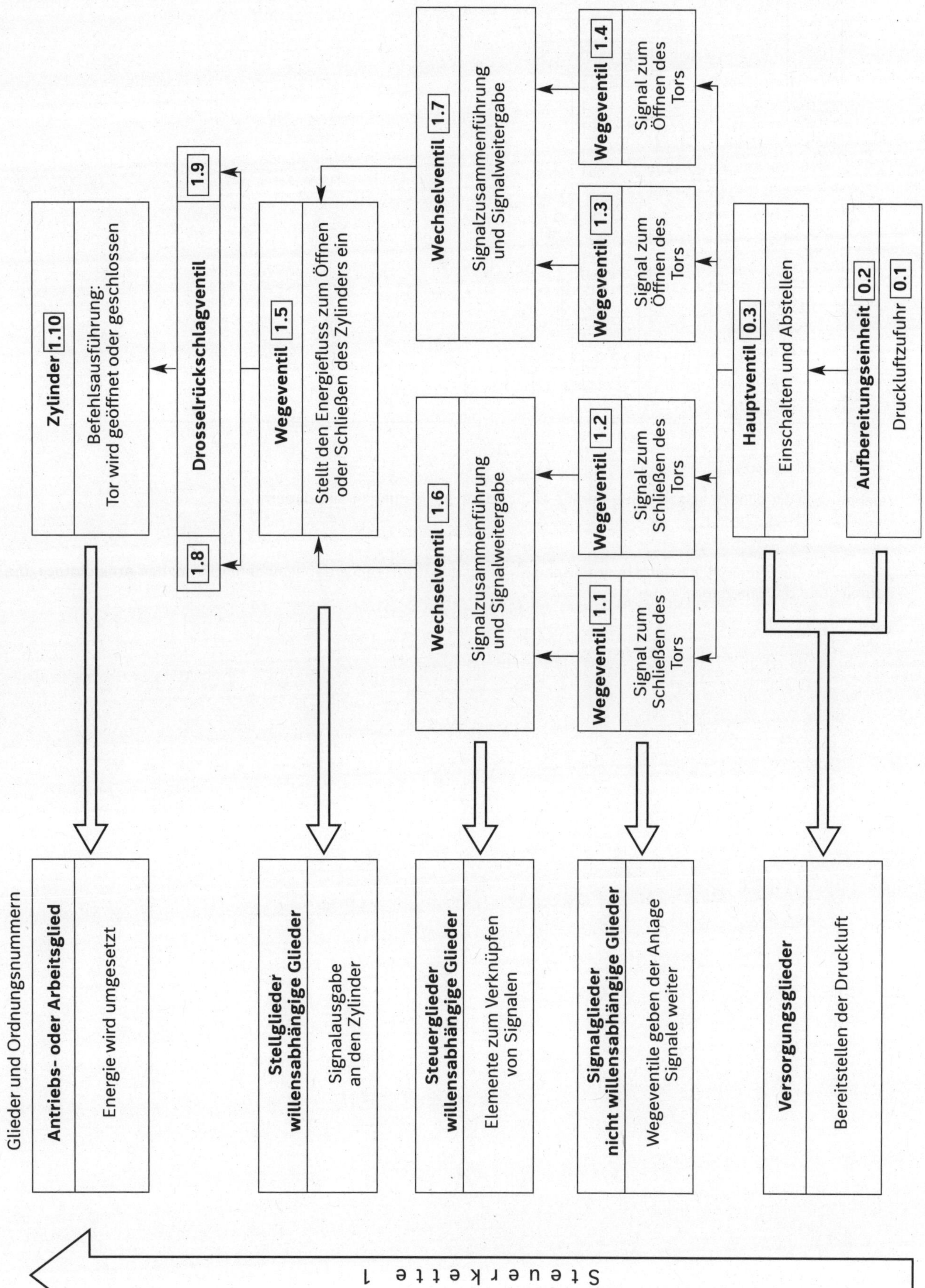

Aufgabe: Wenden Sie nun diese Normung im Schaltplan bei der vorhergehenden Aufgabe an.

Wirkungsweise einer einfachen hydraulischen Steuerung

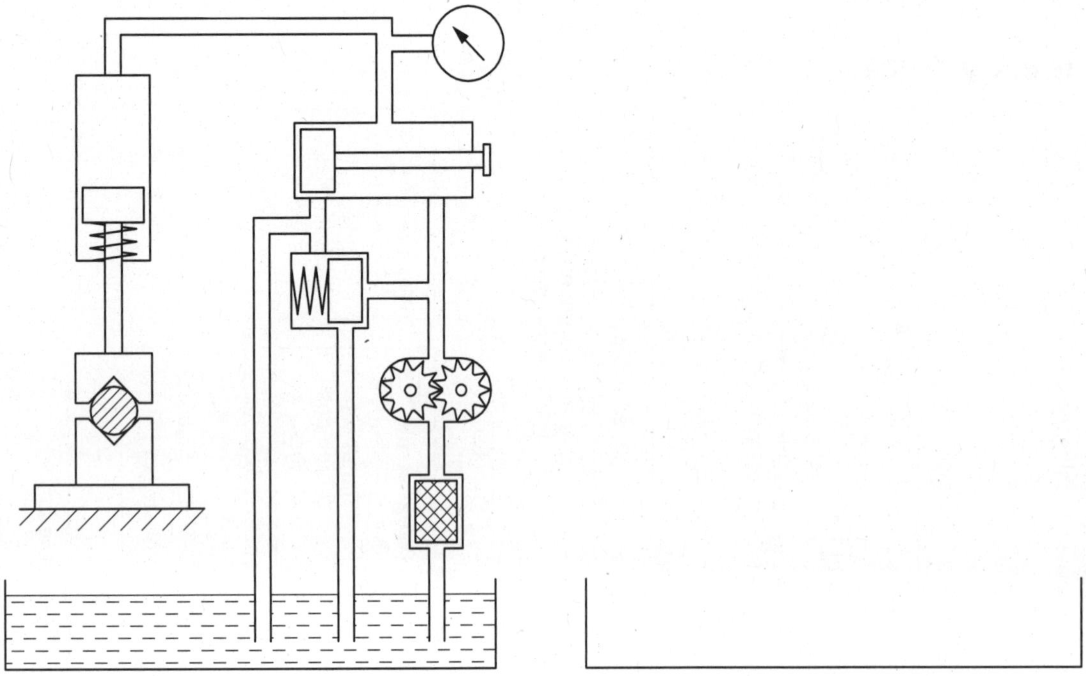

Zeichnen Sie die bildlich skizzierte Steuerung einer Spannvorrichtung in Sinnbildern.

Vergleichen Sie pneumatische und hydraulische Steuerungen. Denken Sie dabei an den Aufbau, den Arbeitsdruck, die Bauteile und die Leitungen.

Bildnachweis: Di Gaspare, Michele (Bild und Technik Agentur für technische Grafik und Visualisierung)

Aufbau pneumatischer Grundschaltungen

A. Funktionsbeschreibung

Durch ein Fallmagazin werden durch einen pneumatischen Zylinder abgelängte Flachstahlprofile auf ein Förderband geschoben. Am Ende des Förderbands fallen die Werkstücke in einen Behälter. Der Schweißer entnimmt sie und verwendet sie als Grundplatte für eine Schweißkonstruktion.

Aufgabe 1a: Benennen Sie die einzelnen Bauteile des Schaltplans und erklären Sie ihre Funktionen.

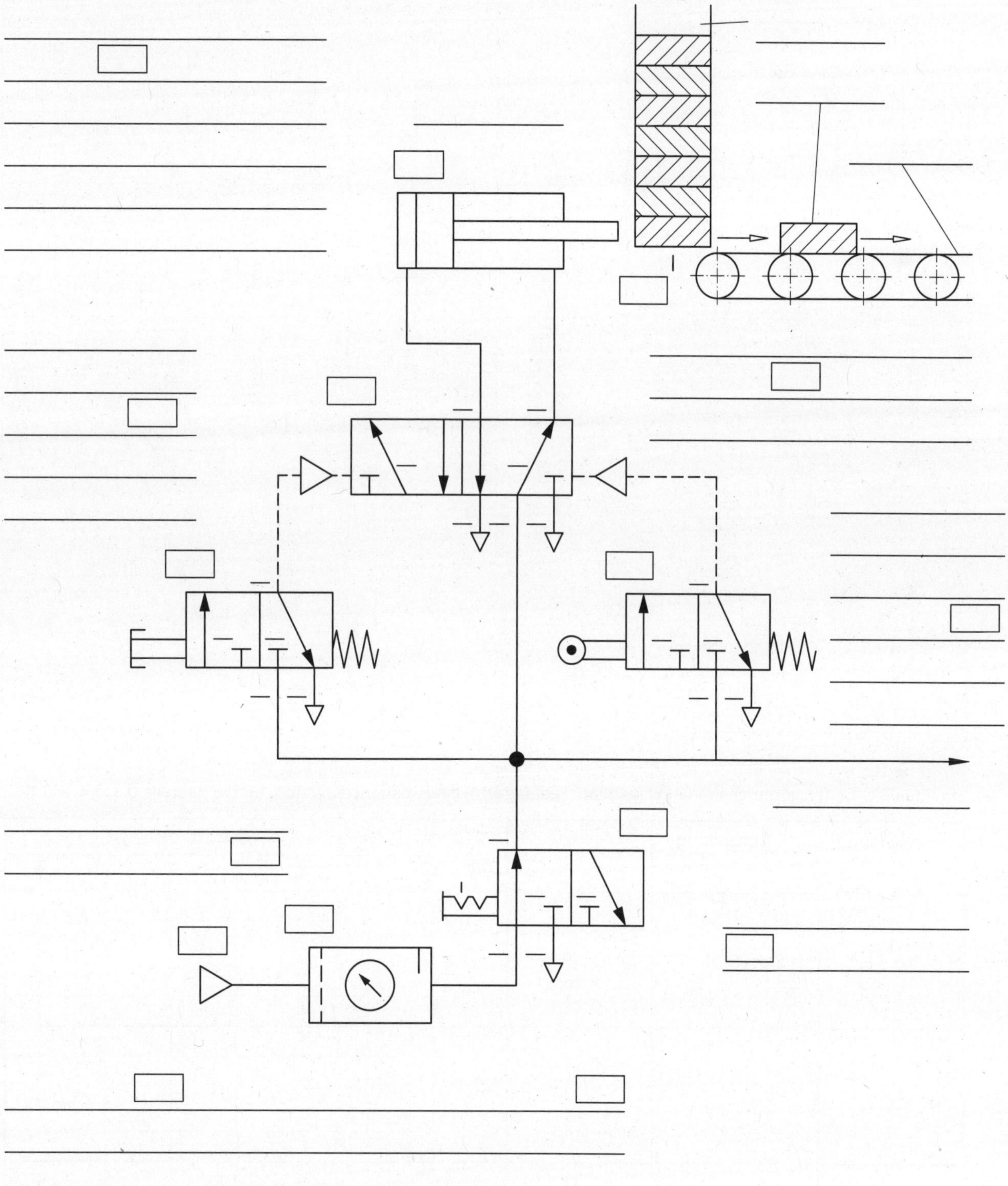

B. Funktionsdiagramm

Im Funktionsdiagramm können der Bewegungsablauf und das Zusammenwirken der einzelnen Bauteile einer pneumatischen Schaltung dargestellt werden. Außerdem ist das Diagramm ein wichtiges Hilfsmittel für die Fehlersuche bei Störungen. Für das Zeichnen von Funktionsdiagrammen verwendet man genormte Symbole.

Symbol (Auswahl)	Erklärung	Symbol (Auswahl)	Erklärung

		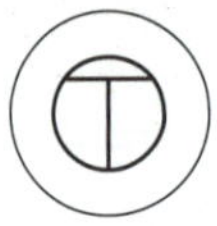	
		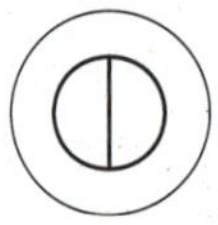	
		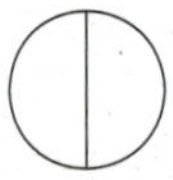	
		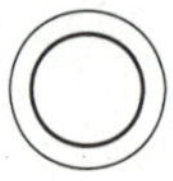	

Aufgabe 1b:
Erstellen Sie für den vorhergehenden Schaltplan (Fallmagazin) ein Funktionsdiagramm für die Bauteile 0.3, 1.4 und 1.3

Bezeichnung	Benennung	Zustand	Lage, Wert	Schritt 0	1	2	3	4	5	6
0.3	Hauptventil	schaltet Druckluft in die Anlage	a							
			b							
1.4	Doppelt wirkender Zylinder	ausgefahren	2							
		eingefahren	1							
1.3	5/2-Wegeventil	Schaltstellung	a							
		Schaltstellung	b							

Aufgabe c:

Ändern Sie den Schaltplan (Fallmagazin).

Folgende Bedingungen sollen erfüllt werden:

- Start durch 1.1
- Kolbenrücklauf in Ausgangsstellung durch ein federbelastetes 3/2-Wegeventil 1.2 mit Hebelbetätigung (= Notfall) oder automatischer Kolbenrücklauf durch Ventil 1.6 mit Rollenbetätigung (= ODER-Funktion)

Welches Bauteil benötigen Sie noch zusätzlich?

____

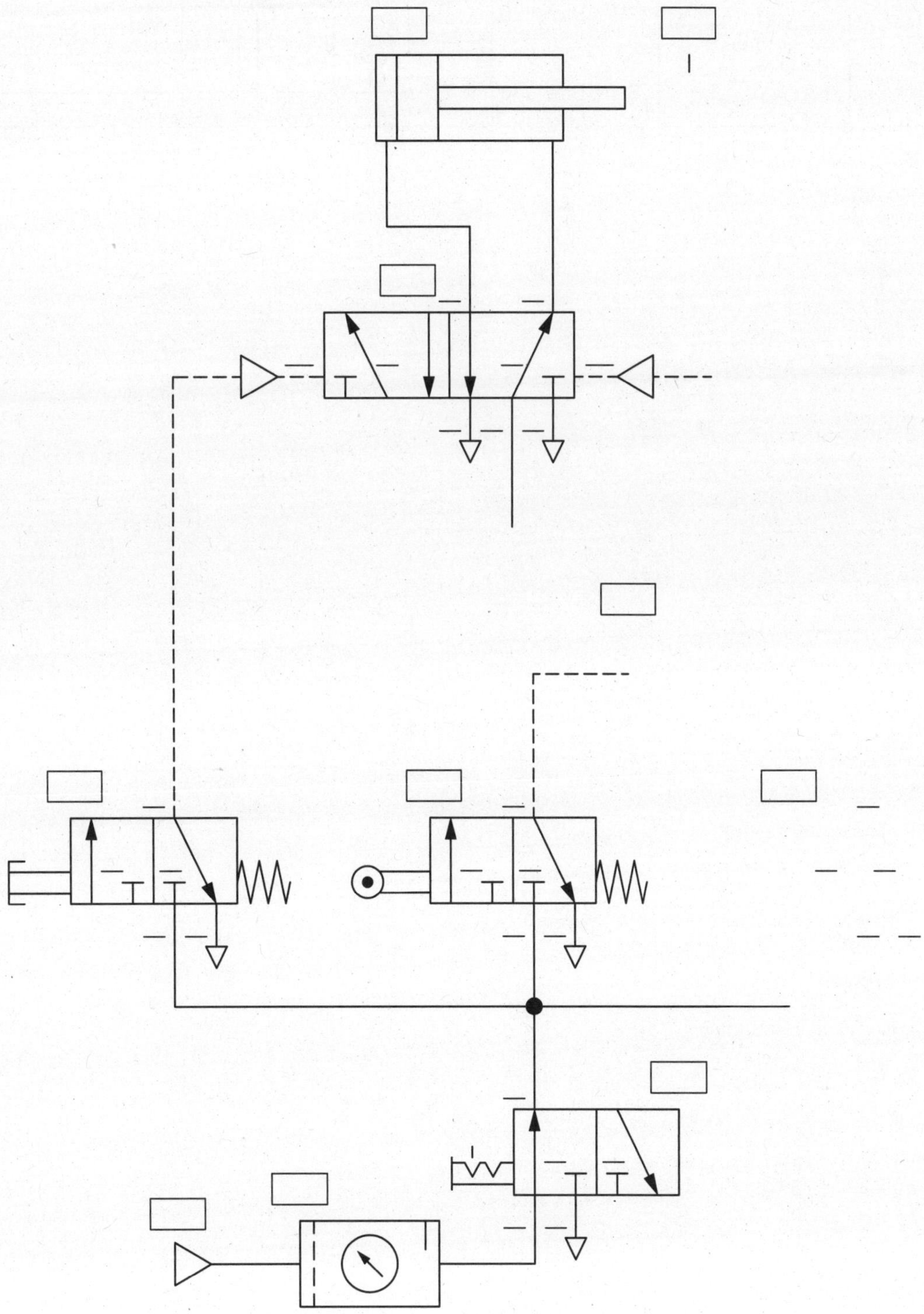

Aufgabe 1d: Ergänzen Sie das Funktionsdiagramm.

Bezeichnung	Benennung	Zustand	Lage, Wert
0.3	Hauptventil	schaltet Druckluft in die Anlage	a
			b
1.5	Doppelt wirkender Zylinder	ausgefahren	2
		eingefahren	1
1.4	5/2-Wegeventil	Schaltstellung	a
		Schaltstellung	b

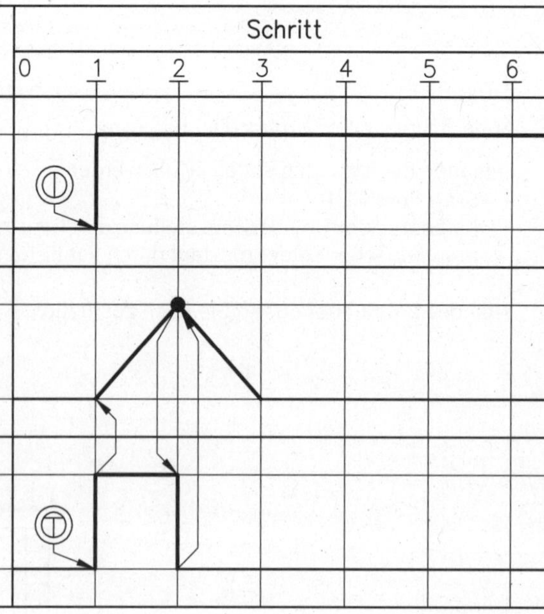

Sie erinnern sich bestimmt noch an die Druckberechnung:

$p =$ ______ (______)   in ______
                                       in ______

Eine andere häufig verwendete Druckeinheit ist das Bar.

1 bar = ______________

1. Aufgabe: Wie groß ist der Druck (in bar) in einem Pneumatikzylinder mit 70 mm Innendurchmesser, wenn eine Kolbenkraft von 1 962 N wirkt?

2. Aufgabe: In einem Zylinder beträgt der Druck 4,5 bar, die Kolbenkraft 1,2 kN.
Berechnen Sie den Kolbendurchmesser in mm.

3. Aufgabe: Ein doppelt wirkender Hydraulikzylinder arbeitet mit 55 bar Druck.

a) Berechnen Sie die Kolbenkraft (in N) beim Einfahren des Kolbens.

b) Berechnen Sie die Kolbenkraft (in N) beim Ausfahren des Kolbens.

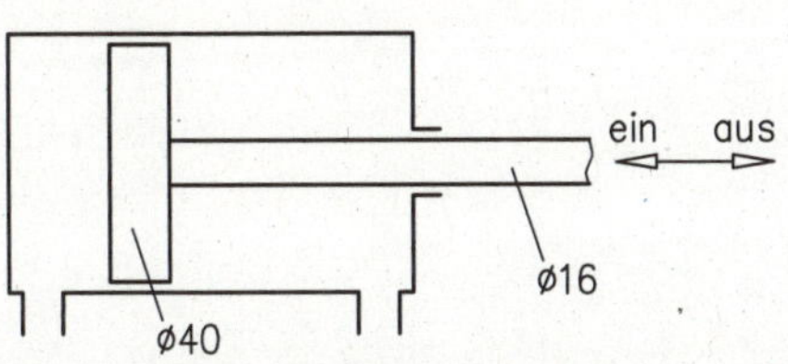

a)

b)

4. Aufgabe: Der Hydraulikzylinder wird an eine Druckölleitung mit p_e = 50 bar angeschlossen. Berechnen Sie die Kräfte F_1 und F_2 (in kN).

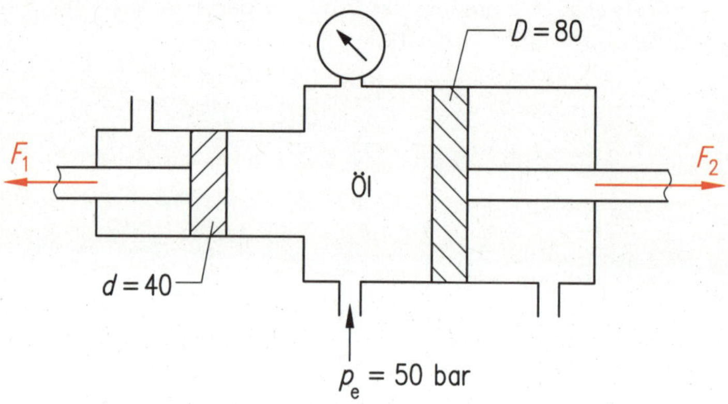

Beim Zerspanen von Werkstücken werden die Schneiden der Werkzeuge abgenutzt; ihre Schneidhaltigkeit nimmt ab.

Verschleißursachen

Durch die Reibung zwischen Werkzeug und Werkstück lösen sich kleine Werkstoffteilchen aus dem Werkstück und verschweißen sich auf der Spanfläche des Werkzeugs.
Welche Folgen treten auf?

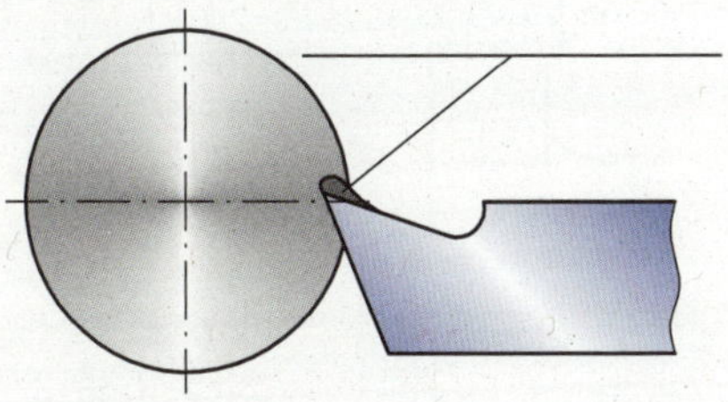

Die Reibung wird durch besonders hohe Schnittarbeit noch vergrößert. Dadurch steigt auch die Zerspanungstemperatur; es werden noch mehr Teilchen aus der Werkzeugschneide gelöst. Dieser Vorgang heißt Diffusionsverschleiß.

	Abrundung der ______
	Veränderung der ______
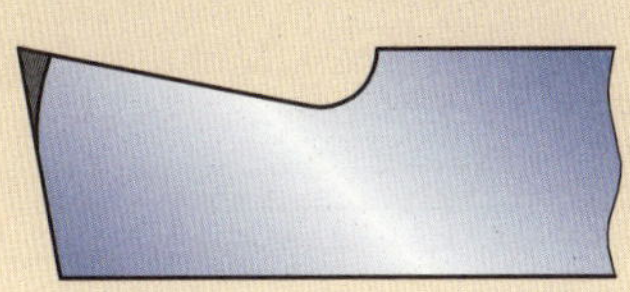	Veränderung der ______
	Auswölbung der ______ = Kolk-Verschleiß

Folgen des Verschleißes

Der Verschleiß der Werkzeuge hat für den Betrieb Nachteile.
Nennen Sie welche.

Bildnachweis: Di Gaspare, Michele (Bild und Technik Agentur für technische Grafik und Visualisierung)

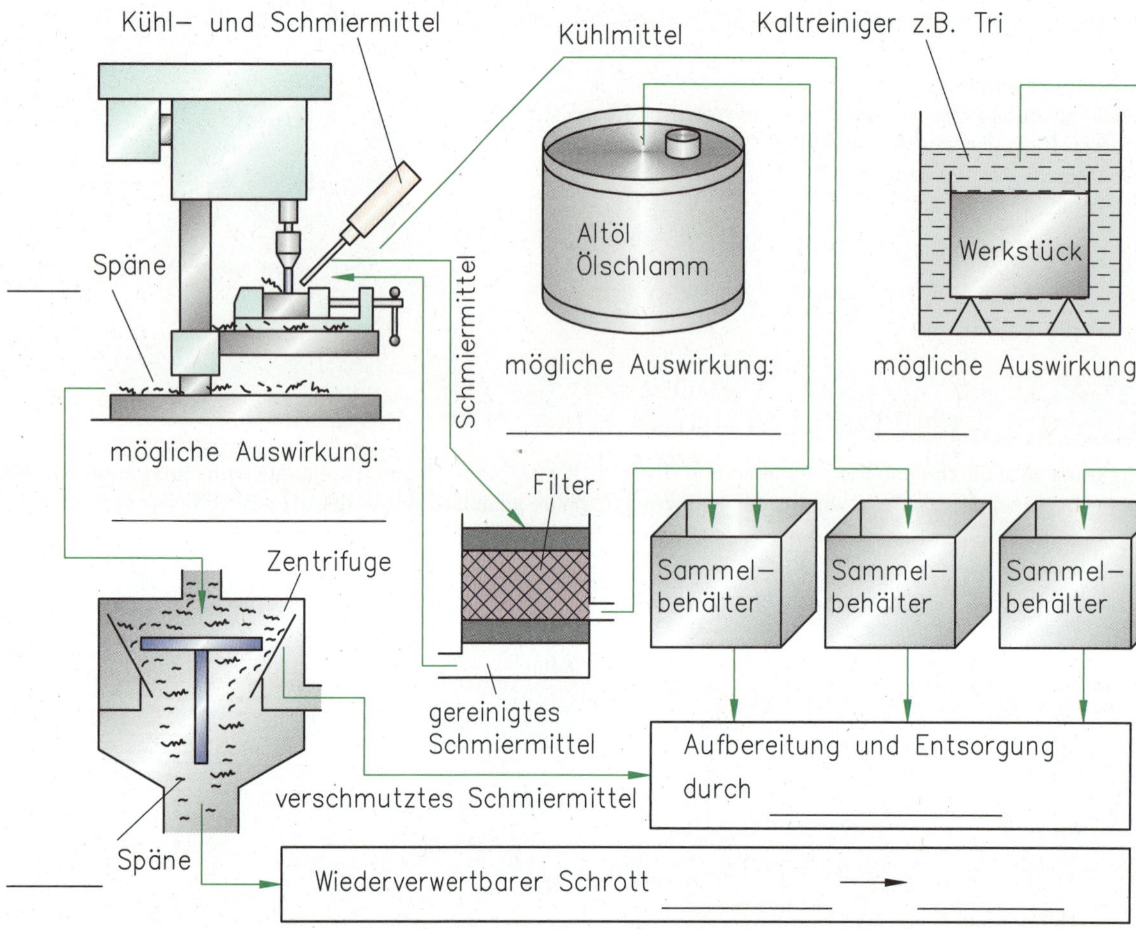

In jedem Betrieb fallen Hilfsstoffe zum Reinigen von Maschinen, Werkzeugen und Werkstücken an:

Diese müssen umweltfreundlich entsorgt werden. Auch belastete Luft muss gereinigt werden.

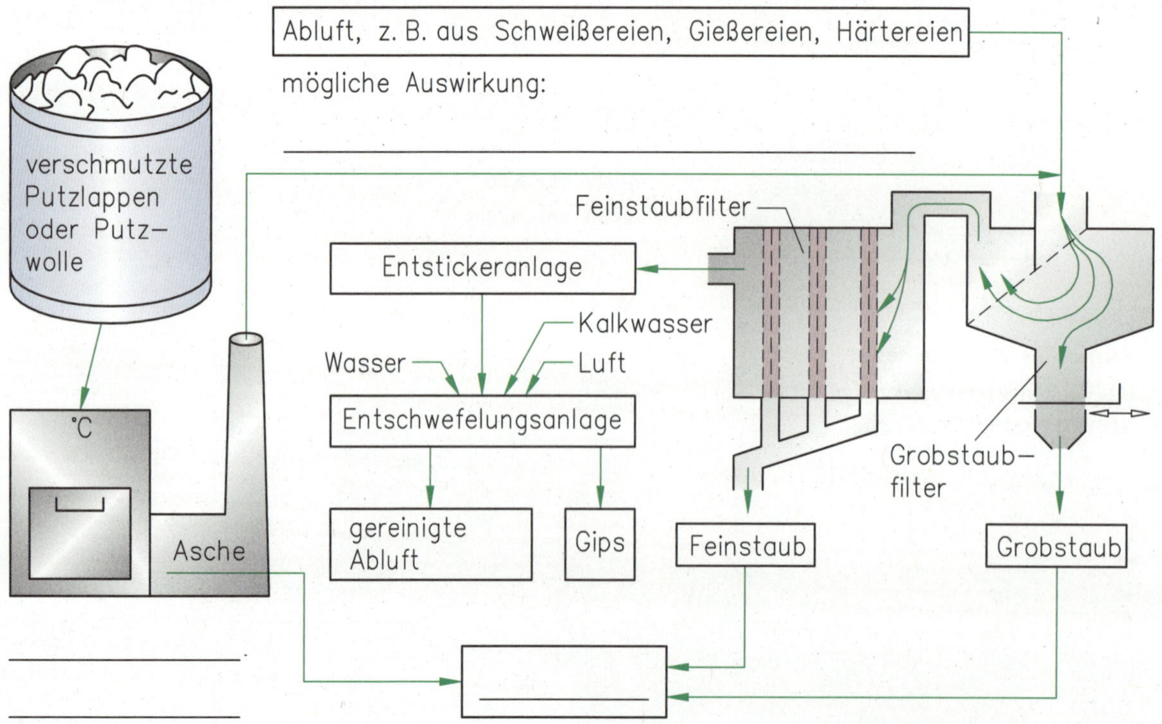

Korrosion

A. Beschreibung

Durch Korrosion werden Metalle zerstört.
Man unterscheidet zwei Korrosionsursachen:

1. Chemische Korrosion
2. Elektrochemische Korrosion

B. Chemische Korrosion

Die Oberfläche der Metalle verbindet sich mit dem Sauerstoff der Luft.

Wie wird dieser Vorgang bezeichnet? ____________________

Bei manchen Metallen ist diese Schicht locker und porös, bei anderen Metallen bildet sich eine dichte und haltbare Schicht.
Nennen Sie solche Metalle und ordnen Sie sie zu.

Lockere und poröse Schicht: ____________________

Dichte und haltbare Schutzschicht: ____________________

Auch Säuren, Laugen oder Salzlösungen zerstören Metalle.

C. Elektrochemische Korrosion

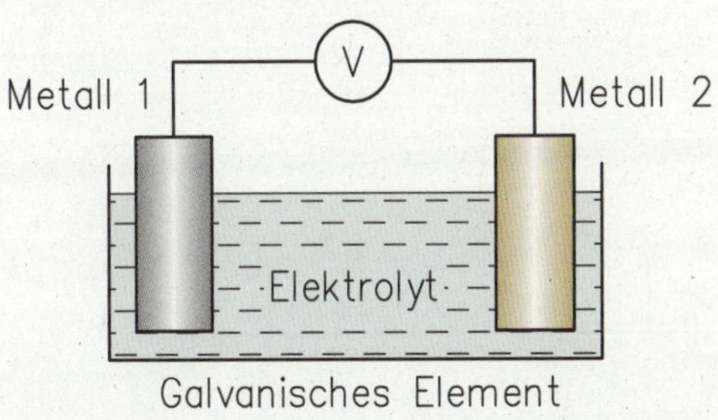

Galvanisches Element

Kommen zwei verschiedene Metalle und eine elektrisch leitende Flüssigkeit (Elektrolyt) zusammen, entsteht zwischen den Elektroden eine elektrische Spannung.

Spannungsreihe der Metalle (bezogen auf Wasserstoff = 0 V)
Entnehmen Sie die Spannungen einem Tabellenbuch.

← Edlere Metalle			Unedlere Metalle →								
Au	Ag	Cu	Pb	Sn	Ni	Fe	Cr	Zn	Mn	Al	Mg

Aufgabe: Welche Spannung zeigt das Voltmeter zwischen Kupfer und Zink an? Welches der beiden Metalle wird zerstört?

____

____

____

D. Korrosionsarten

1. Lochfraßkorrosion

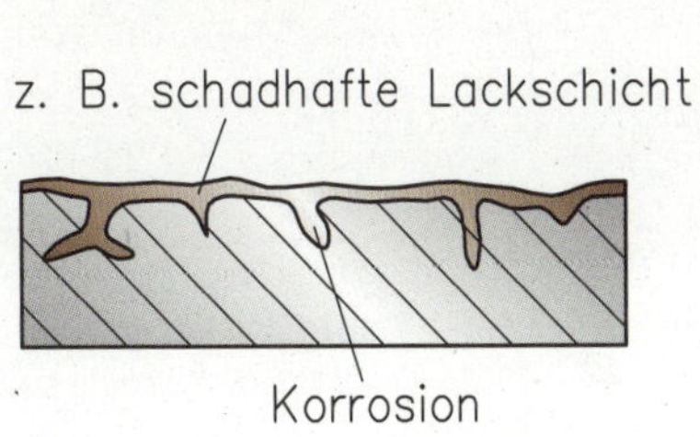

Es entstehen im Werkstoff trichterförmige Krater und Durchlöcherungen.
Nennen Sie solche Schäden.

____

____

2. Kontaktkorrosion

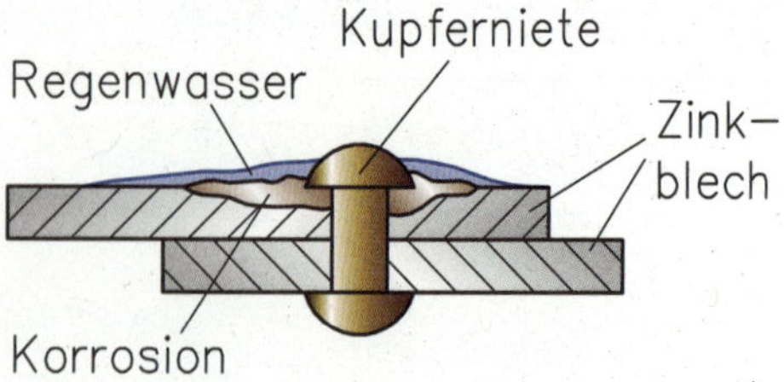

Durch die Verbindung verschiedener Metalle (im Beispiel ________ und ________)
und durch einen Elektrolyten (im Beispiel ________
________) wurde ein galvanisches Element gebildet.

Welches der beiden Metalle wird an der Berührungsstelle zerstört?

____

Aufgabe: Nennen Sie Ihnen bekannte Schäden durch Kontaktkorrosion.

____

____

____

Korrosionsschutz

A. Konstruktive Forderungen

1.

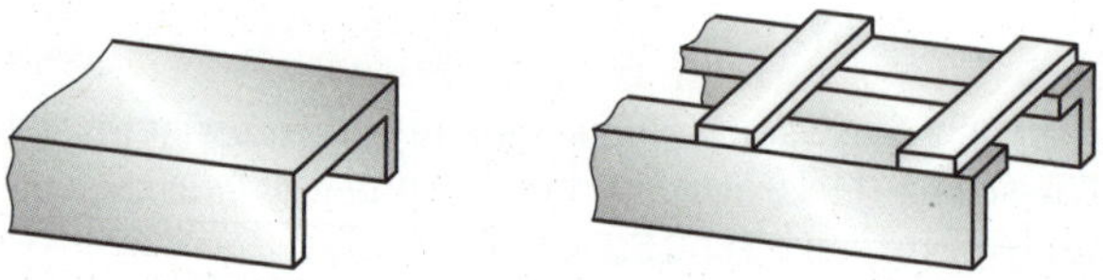

____

____

____

2.

____

____

3.

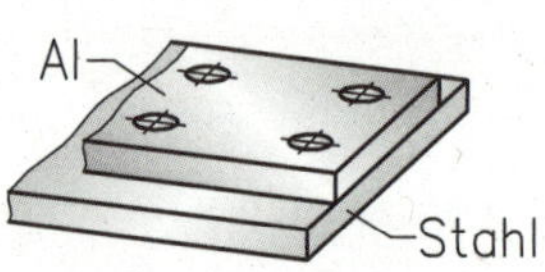

____

____

4. Waagerechte Flächen, Fugen und Spalten sind zu vermeiden.

5. Hohlprofile sind luftdicht zu verschweißen oder völlig offen zu lassen oder mit Abfluss- und Entlüftungsbohrungen zu versehen.

6.

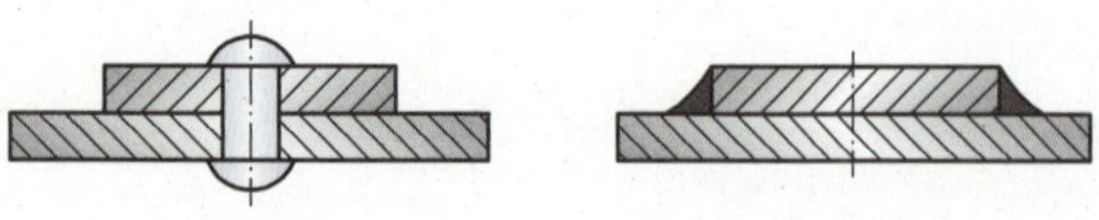

____

____

7.

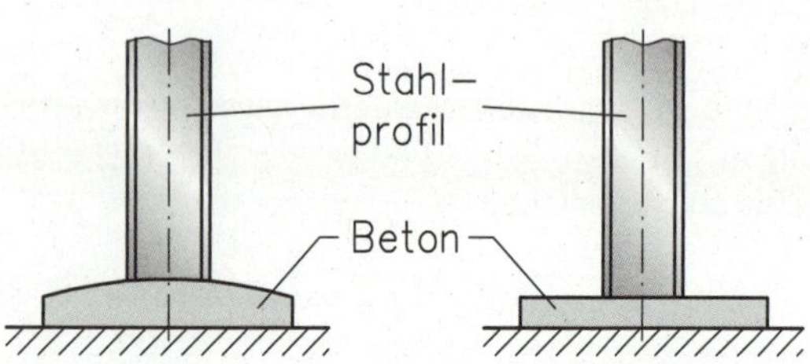

____

____

____

____

B. Korrosionsschutzverfahren

Vorbehandlung der Oberfläche

Damit ein guter Haftgrund für den Korrosionsschutz erreicht wird, müssen Oxid-, Fett- und Schmutzschichten entfernt werden.

1. Mechanische Oberflächenbehandlung

a) Handentrostung

Z. B. ______________________________

b) Maschinelle Entrostung

Ordnen Sie den Skizzen zu; Bürsten, Strahlen, Waschen, Ultraschallreinigen.

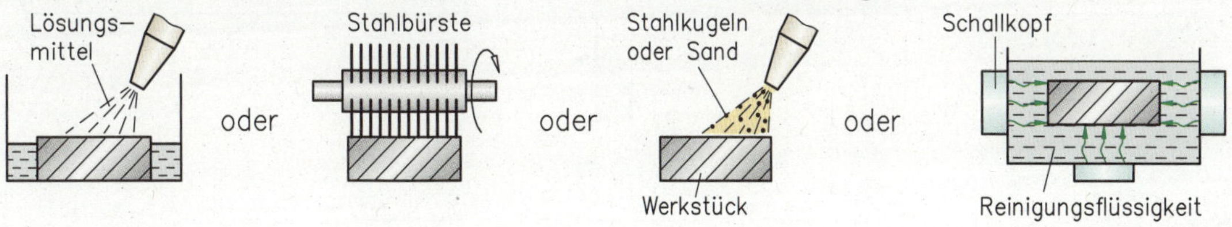

______________ ______________ ______________ ______________

2. Chemische Oberflächenvorbehandlung (Auswahl)

a) Beizen z. B. mit ______________________________

b) Entfetten z. B. mit ______________________________

c) Rostumwandler entziehen dem Rost (= Eisenoxid) den Sauerstoff; der Rost wird chemisch entfernt.

3. Oberflächenbeschichtung mit Lackfarben

a) Grundanstrich

Der zweifache Grundanstrich muss bei trockener Witterung sofort nach dem Entrosten und Reinigen der Stahlkonstruktion ausgeführt werden. Vorsicht! Bleimennige ist ______________________________!

b) Deckanstrich

Der zweifache Deckanstrich mit wetterbeständigem Lack dient der ______________________________.
Er erfolgt nach guter Durchtrocknung des Grundanstrichs.

4. Überzüge aus Metall

a) Feuerverzinken

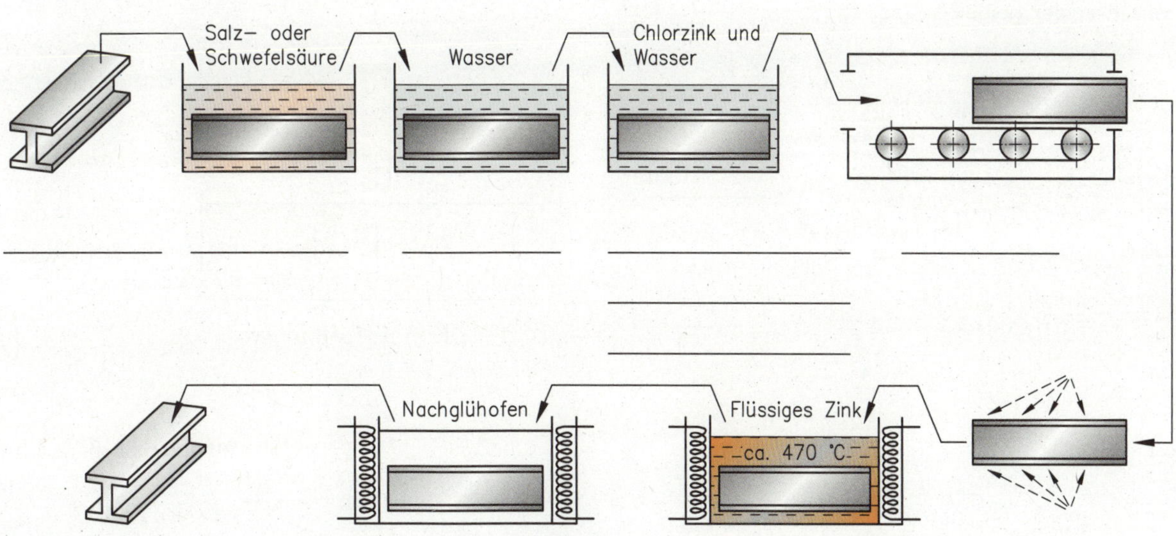

Bildnachweis: Di Gaspare, Michele (Bild und Technik Agentur für technische Grafik und Visualisierung)

An einem I-Stahlträger wurde durch unsachgemäßen Transport die Zinkschicht verletzt. Überdenken Sie die Folgen.

____

____

____

b) Flammspritzen (Spritzmetallisieren)

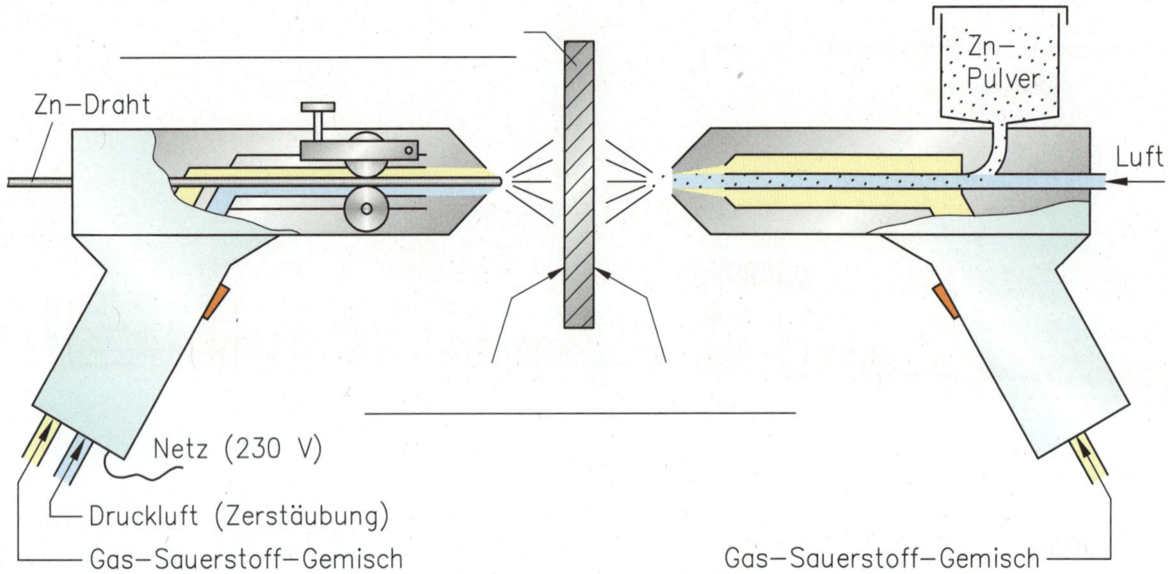

Vor dem Flammspritzen muss die Oberfläche der Stahlwerkstücke gut gesäubert werden, z. B. durch

_______________.

5. Anodisieren

Die Oberfläche von **Al**uminium wird **el**ektrisch **ox**idiert = _______________ -Verfahren. Dabei können in die Oberfläche Farbstoffe eingelagert werden.

Eigenschaften: _______________

____

6. Kunststoffüberzüge

Das Auftragen der Kunststoffe kann durch das Wirbelsintern oder Flammspritzen erfolgen. Ordnen Sie diese beiden Verfahren den beiden Skizzen zu.

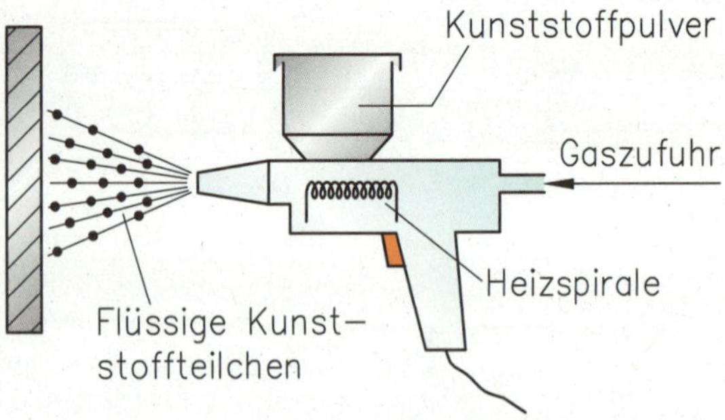

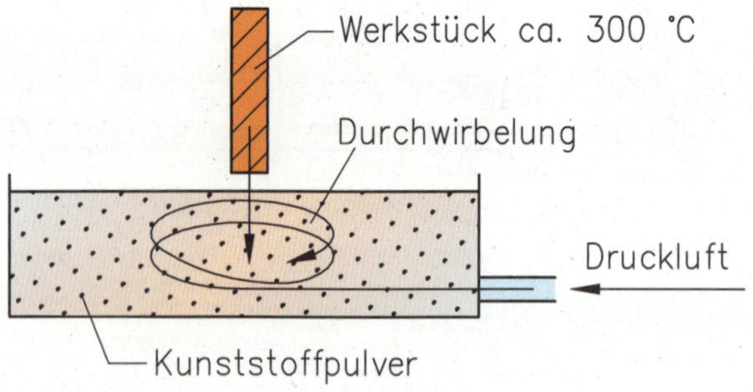

_______________ (Thermoplaste, z. B. _______) _______________ (Thermoplaste, z. B. _______)

Eigenschaften: Neben dem Korrosionsschutz haben Kunststoffüberzüge noch einen weiteren Vorteil.

____

Metallbautechnik	Datum:	Warten technischer Systeme Grundlagen der Elektrotechnik	Lernfeld 4
Name:	Klasse:		4

A. Atomaufbau

Die Elemente bauen sich aus Atomen auf.
Diese bestehen aus:

__________ (= __________ und
__________) und den
__________ , die mit sehr hoher
Geschwindigkeit um den Atomkern kreisen.

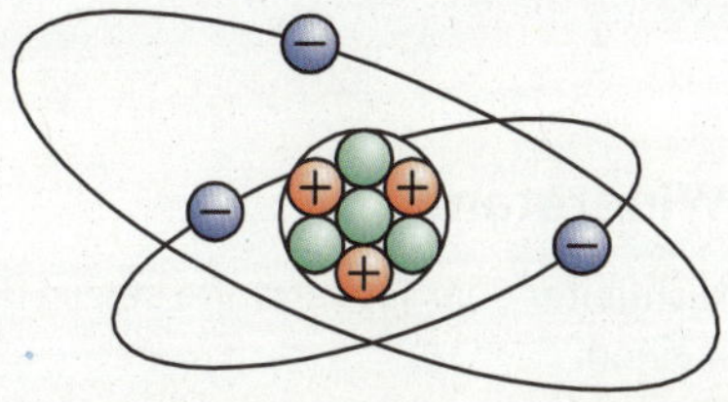

B. Ladung der Teilchen

Elektronen: __________ geladen

Protonen: __________ geladen

Neutronen: __________

C. Verhalten geladener Teilchen

Ungleiche Ladungen

__________ .

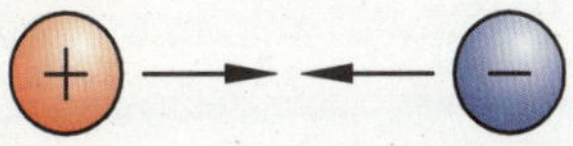

Gleiche Ladungen

__________ .

D. Elektrische Leiter und Nichtleiter

Elektronen können sich aus dem Atomverband lösen. Diese freien Elektronen bilden den elektrischen Strom. Ihre Ladung ist negativ.
Stoffe mit vielen freien Elektronen sind elektrische Leiter. Stoffe ohne freie Elektronen sind Nichtleiter oder
__________ .

Außerdem gibt es Stoffe, die zwischen elektrischen Leitern und Nichtleitern liegen (z. B. Silizium); sie heißen Halbleiter.
Anwendung: __________

Unterstreichen Sie die Nichtleiter.
Aluminium, Glas, Gummi, Wasser, Kohle, Öl, Porzellan, Luft, Kupfer, Kunststoffe, Gold

Nennen Sie gute elektrische Leiter.

____

E. Elektrische Spannung

Beim Stromfluss wandern die Elektronen im Leiter. Es kommt zu Elektronenmangel bzw. Elektronenüberschuss.

Elektronenmangel: __________ Ladung

Elektronenüberschuss: __________ Ladung

Diese verschiedenen Ladungen haben das Bestreben, sich wieder auszugleichen.

Zwischen ihnen besteht ein Spannungs-Unterschied, z. B. ______ = 230 __________ (______).

Möglichkeiten zur Spannungserzeugung:

____

F. Elektrische Stromstärke

Werden die freien Elektronen durch eine Spannungsquelle bewegt, fließt Strom.

Die Stärke (= **I**ntensität) des Stroms kann verschieden groß sein, z. B. ____ = 2 ________ (____).

Die Stromstärke hängt vom Verbraucher ab. Elektrischer Strom ist daher die Menge der fließenden Elektronen.

Bewegungsrichtung der Elektronen:

Stromfluss in eine Richtung: ____________-Strom (Symbol: ______)

Stromfluss wechselt periodisch: ____________-Strom (Symbol: ______)

G. Widerstand

Nichtleiter oder Isolierstoffe setzen den fließenden Elektronen einen großen Widerstand entgegen, leitende Stoffe einen kleinen.

Der Widerstand wird mit ____ bezeichnet und in ______ (____) gemessen, z. B. ____ = 6 ______ (____).

H. Stromwirkungen

Elektrischen Strom kann man an seinen Wirkungen erkennen.

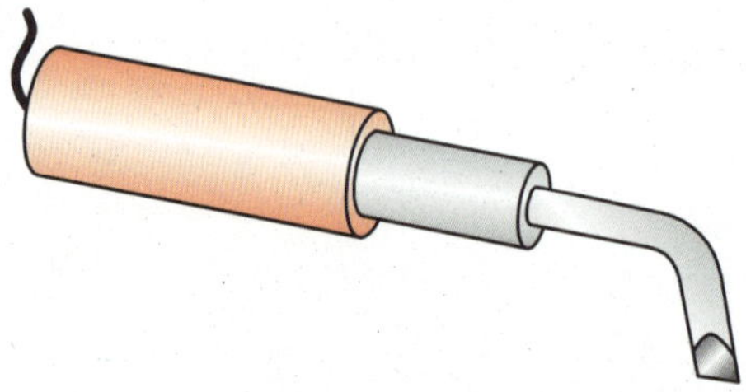

1. ______________-Wirkung

z. B. Glühbirne, ______________________________

____

2. ______________-Wirkung

z. B. Lötkolben, ______________________________

____

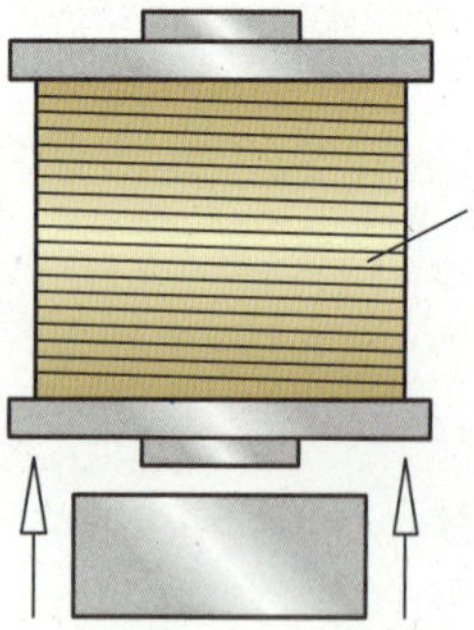

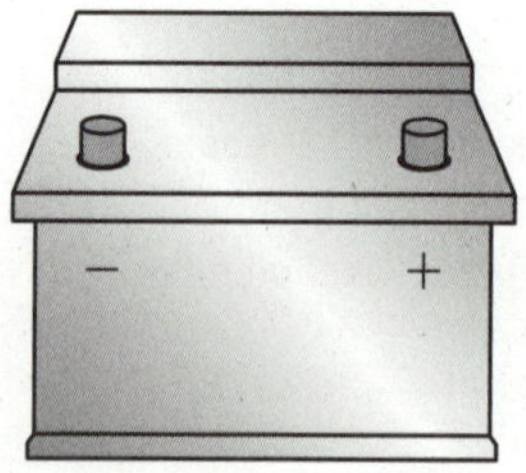

3. ______________ Wirkung

z. B. Klingel, ______________________________

____

4. ______________ Wirkung

z. B. Batterie, ______________________________

____

5. ____________ Wirkung auf Pflanzen, Tiere und Menschen, z. B. Herzschrittmacher,

____

Schaltzeichen und einfache Stromkreise

A. Schaltzeichen

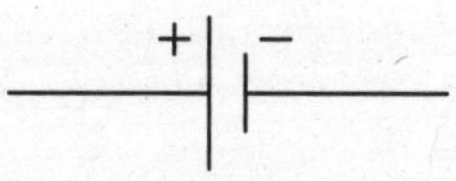

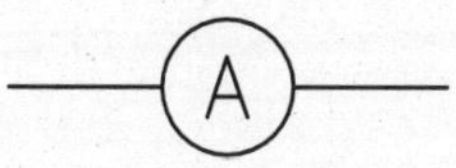

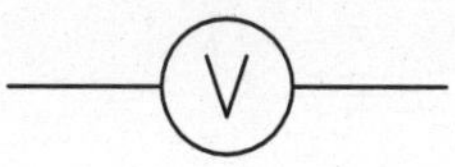

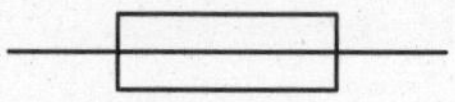

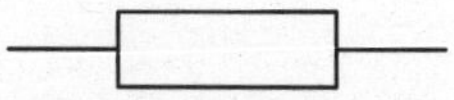

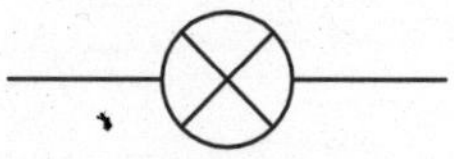

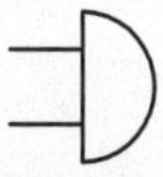

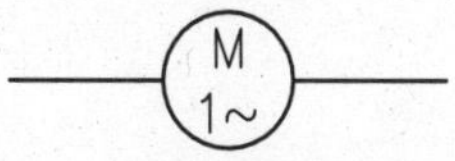

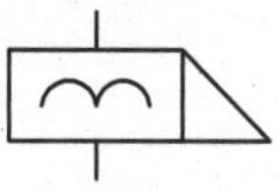

B. Einfache Stromkreise

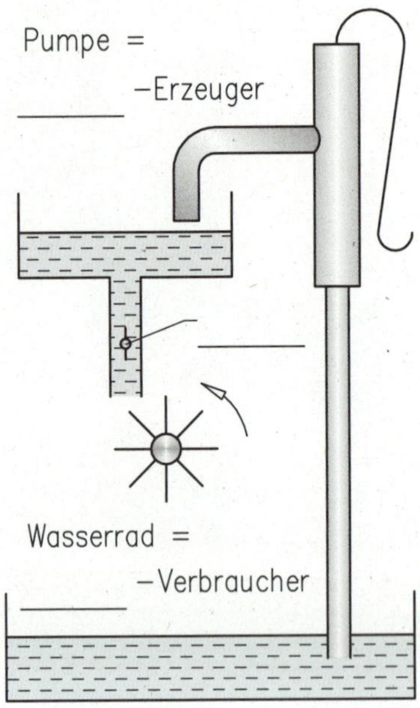

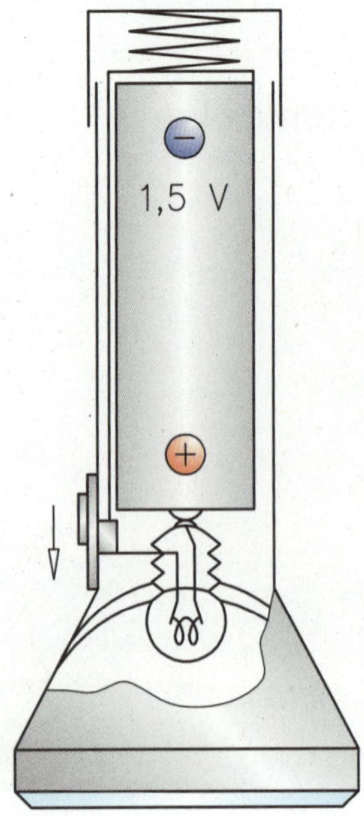

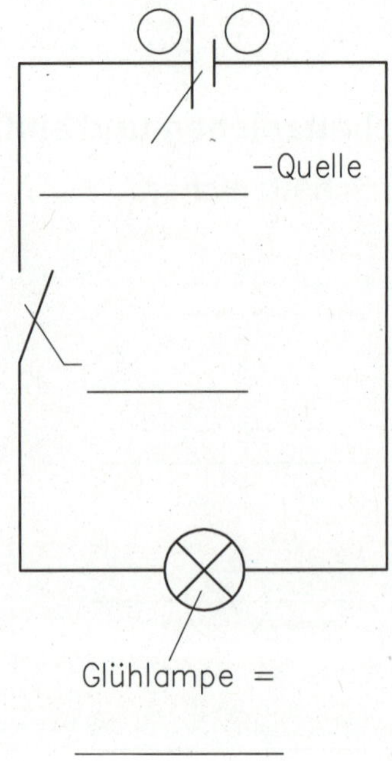

Wasser fließt nur bei ____________ Ventil.

Das Wasserrad verbraucht ____________.

Die Glühlampe brennt nur, wenn sie ____________ ist.

Die Glühlampe verbraucht ____________.

Strom fließt nur im ____________ Stromkreis.

Im ____________ wird Spannung verbraucht.

Der Wechselstrommotor einer Absauganlage soll schädliche Schweißgase absaugen. Eine Kontrolllampe soll den Betrieb anzeigen.
Vervollständigen Sie den Schaltplan.

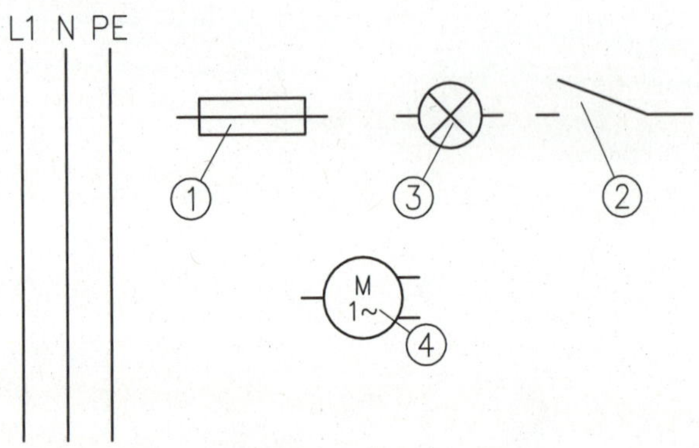

Bauteile:

- ◯ Wechselstrommotor
- ◯ Schließer
- ◯ Kontrolllampe
- ◯ Sicherung

Eine elektrische Klingel und ein Türöffner sollen durch Taster betätigt werden.
Vervollständigen Sie auch hier den Schaltplan.

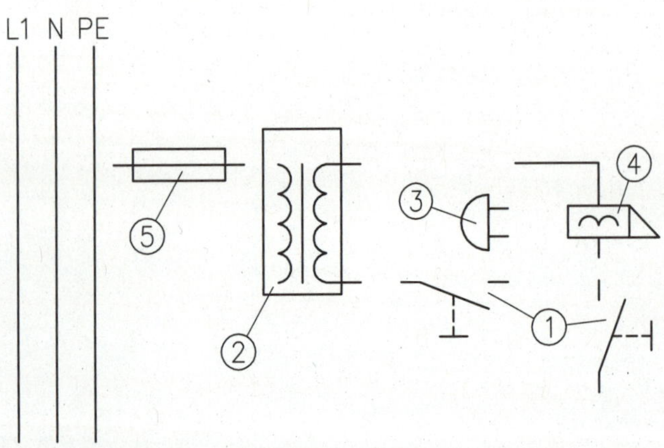

Bauteile:

- ◯ Transformator
- ◯ Türöffner
- ◯ Taster
- ◯ Tonmelder
- ◯ Sicherung

Ohmsches Gesetz

A. Vergleich

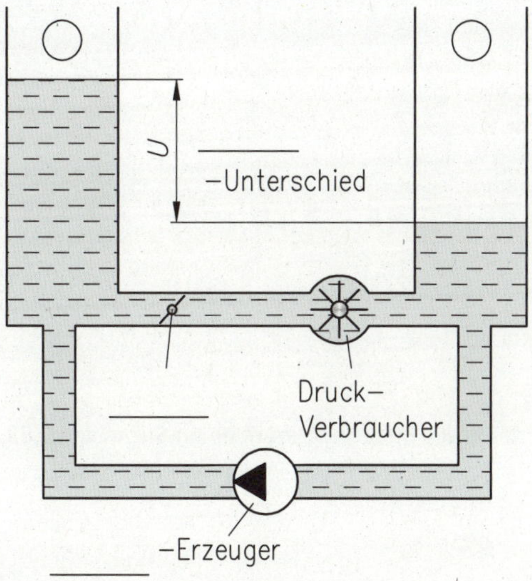

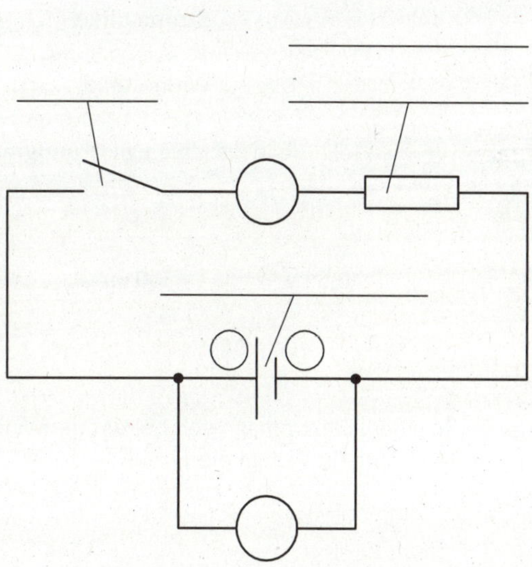

Aufgabe: Kennzeichnen Sie im Stromkreis den Spannungsunterschied (Voltmeter) mit „V“, den Strommesser (Amperemeter) mit „A“.

Entnehmen Sie aus der Skizze, wie Spannungsmesser und Strommesser geschaltet werden. Denken Sie daran, dass Spannungsmesser den Spannungsunterschied und Strommesser die Menge der fließenden Elektronen messen.

Spannungsmesser: ______________________

Strommesser: ______________________

B. Größen und Einheiten

Elektrische Größe	Formelzeichen	Maßeinheit	Einheitszeichen
Spannung			
Strom			
Widerstand			

C. Zusammenhang zwischen Spannung, Strom und Widerstand

1. Kreislauf des Wassers

Es fließt umso mehr Wasser, ______________________

____

2. Kreislauf des Stroms

Es fließt umso mehr Strom, ______________________

____

Strom = ――――― = ――――― (= __________ Gesetz)

Formen Sie das ohmsche Gesetz auch nach den anderen Größen um.

$U =$ ______ $R =$ ―――

D. Aufgaben

Das ohmsche Gesetz gilt für Gleichstrom, für Wechselstrom nur bei ohmscher Belastung.
Bei den folgenden Aufgaben handelt es sich um Gleichstrom oder um ohmsche Belastung.

Setzen Sie beim Rechnen mit dem ohmschen Gesetz nur die Grundgrößen ein:

Spannung ______ in ____________________ (______)

Stromstärke ______ in ____________________ (______)

Widerstand ______ in ____________________ (______)

1. Aufgabe: Verwandeln Sie in die jeweilige Grundgröße.

a	b	c	d	e	f	g
40 mV	0,5 kV	300 mA	400 µA	2,5 kΩ	600 mΩ	0,32 MΩ

2. Aufgabe: In einem Elektromagneten beträgt der Widerstand der Spule 60 Ω und nimmt einen Strom von 3,83 A auf. An welcher Spannung (in V) liegt die Spule?

3. Aufgabe: Wie viel Ohm hat ein Widerstand, wenn bei 12 V Spannung der Strom 30 mA beträgt?

4. Aufgabe: Eine Stromleitung hat einen Widerstand von 180 mΩ. Durch sie fließt ein Strom von 20 A. Wie viel Volt beträgt der Spannungsabfall?

5. Aufgabe: Beim Schutzgasschweißen beträgt die Arbeitsspannung 20 V, der Widerstand im Schweißstromkreis 0,16 Ω.
Wie viel Ampere beträgt der Schweißstrom?

6. Aufgabe: Ein Lötkolben ist an 230 V angeschlossen und nimmt 1,92 A auf.
Welchen Widerstand (in Ω) hat der Lötkolben?

7. Aufgabe: An welcher Spannung (in V) liegt eine Spule mit 8,2 kΩ Widerstand, wenn sie 48,8 mA Strom aufnimmt?

Leiterwiderstand

Auch elektrische Leiter (z. B. Aluminium) setzen den fließenden Elektronen einen Widerstand entgegen.

Der Widerstand eines elektrischen Leiters mit 1 m Länge und 1 mm^2 Querschnitt heißt spezifischer Widerstand ϱ.
Seine Benennung ist $\frac{\Omega \cdot mm^2}{m}$.

Entnehmen Sie einem Tabellenbuch die spezifischen Widerstände der folgenden Metalle.

Aluminium	Blei	Gold	Kupfer	Silber	Zink	Zinn

Entnehmen Sie der Tabelle einen guten und preiswerten elektrischen Leiter. Begründen Sie Ihre Auswahl.

Eine Kupferleitung ist 50 m lang und besitzt einen Querschnitt von 2,5 mm^2.
Wie groß (in Ω) ist ihr Widerstand?

Geg.:

Ges.:

Der Widerstand eines elektrischen Leiters hängt ab

(Al – Cu)

(2 m – 200 m)

(1 mm^2 – 12 mm^2)

Der Widerstand im elektrischen Leiter wird umso kleiner,

–

–

–

Lösung der Aufgabe: Der Widerstand beträgt

bei 1 mm^2 Querschnitt und 1 m Länge ______ ,

bei 1 mm^2 Querschnitt und ______ m Länge ______ ,

bei ______ mm^2 Querschnitt und ______ m Länge ______ = ______ .

$R =$ ______ (Ω) ϱ in ______ l in ______ A in ______

1. Aufgabe: Aus Silberdraht mit 0,1 mm Durchmesser soll eine Spule gewickelt werden, die 8 Ω Widerstand hat. Wie viele Meter Draht sind dazu erforderlich?

2. Aufgabe: Die Heizspirale einer Wärmeplatte soll 50 Ω Widerstand haben. Sie wurde aus einer Legierung mit 4,30 m Länge und 0,35 mm Durchmesser gefertigt.
Berechnen Sie den spezifischen Widerstand der Spirale.

3. Aufgabe: Von einem Gleichstromgenerator soll ein 14 m langes Kupferkabel verlegt werden. Der Widerstand soll nicht über 0,4 Ω liegen.
Welchen Durchmesser (in mm) muss die Leitung mindestens erhalten?

4. Aufgabe: Berechnen Sie den Widerstand (in Ω) einer 5 km langen Leitung aus 2 mm dickem Aluminiumdraht.

5. Aufgabe: Ein runder Metalldraht hat einen Durchmesser von 0,2 mm. Seine Länge beträgt 100 dm. Das Ohmmeter zeigt einen Widerstand von 4,777 Ω an. Bestimmen Sie das Material des Metalldrahts.

6. Aufgabe: Berechnen Sie den elektrischen Widerstand einer Kupferleitung von 0,4 km Leiterlänge. Der Draht hat einen quadratischen Querschnitt mit einem Eckenmaß e von 2,12 mm.

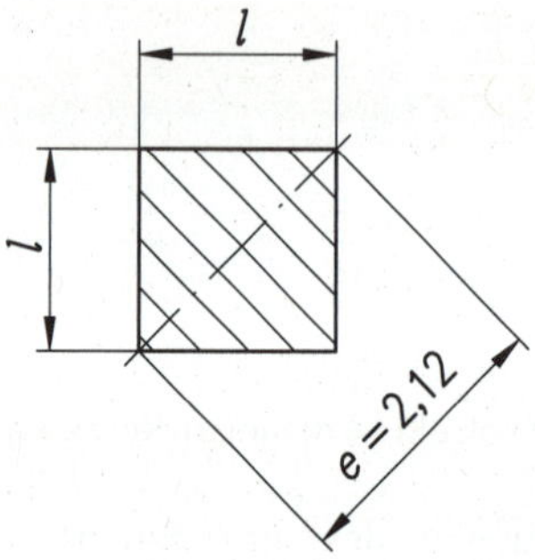

Unfallbericht in einer Tageszeitung:

München. Bei der Montage eines Treppengeländers in einem Haus an der Kepplerstraße hatte der Auszubildende Walter K. an seiner Winkelschleifmaschine eine Stromunterbrechung. Ohne den Netzstecker zu ziehen, öffnete K. das Gehäuse, um den Schaden zu beheben. Dabei berührte er vermutlich stromführende Teile. Der Auszubildende war auf der Stelle tot. Sofort durchgeführte Wiederbelebungsversuche blieben ohne Erfolg.

A. Stromwirkungen auf den Menschen

Nicht bei allen Menschen sind die Wirkungen des elektrischen Stroms wegen der unterschiedlichen Körperwiderstände gleich.

Stromstärke I	Wirkung auf den Menschen
bis 0,005 mA	Wahrnehmung mit der Zunge
bis 1,2 mA	Wahrnehmung mit den Fingern
6 bis 9 mA	Muskelverkrampfung (Loslassgrenze)
25 bis 60 mA	Atemstillstand, Bewusstlosigkeit
80 mA bis 3 A	Schneller, unregelmäßiger Herzschlag (= Herzflimmern), Todesgefahr
über 3 A	Schwere Verbrennungen, Tod

B. Schutzmaßnahmen

1. Schutzleiter

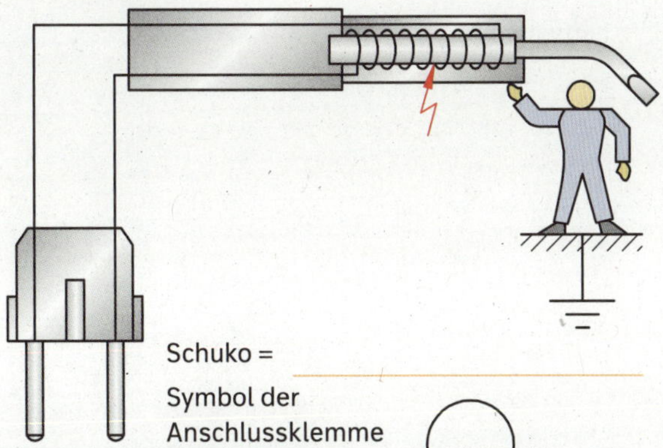

Schuko = ______________________

Symbol der Anschlussklemme für Schutzleiter ◯

Verbraucher mit Gehäuse aus Metall können bei Defekt unter Spannung stehen – Lebensgefahr!

Lösung: ______________________

____

____

Folge: ______________________

____

____

2. Schutzisolierung

Elektrische Handbohrmaschinen, Winkelschleifmaschinen u. Ä. besitzen häufig nur eine zweiadrige Anschlussleitung und keinen Schukostecker. Die stromführenden Teile sind dann vor Berührung durch eine besondere Isolierung geschützt (Schutzisolierung).

Symbol:

3. Fehlerstrom-Schutzschalter

Der Fehlerstrom-Schutzschalter (________-Schutzschalter) vergleicht den zum Verbraucher fließenden Strom mit dem zurückfließenden.

Ist eine Differenz vorhanden (Fehlerstrom), werden alle Pole innerhalb von 0,2 s abgeschaltet.

Bildnachweis: Di Gaspare, Michele (Bild und Technik Agentur für technische Grafik und Visualisierung)

4. Verhalten bei Unfällen

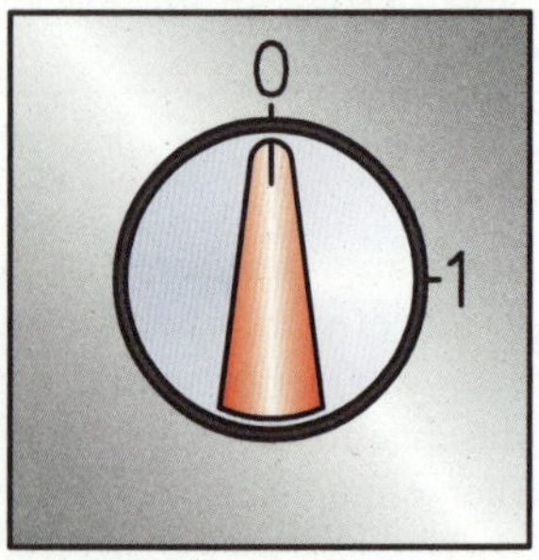

Gefahr beseitigen

Strom ausschalten, z. B.

____

____

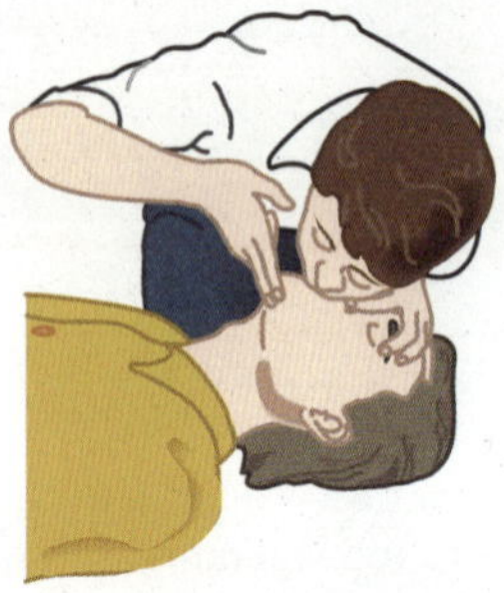

Bei Atemstillstand: _______________

Sofort _______________.

____

Hilfe herbeiholen:

____

____

!

1. Elektrische Anlagen und Betriebsmittel dürfen nur von einem/einer Elektro-_______________ errichtet, geändert oder instand gesetzt werden.
2. Zur Verhütung von Unfällen sind die Unfallverhütungsvorschriften der Berufsgenossenschaften und die VDE-Bestimmungen zu beachten.

Bildnachweis: Di Gaspare, Michele (Bild und Technik Agentur für technische Grafik und Visualisierung): 102.1 | Ruhrstadtmedien: 102.2-3

Metallbautechnik	Datum:	Warten technischer Systeme Schaltung von Verbrauchern	Lernfeld 4
Name:	Klasse:		6

A. Reihenschaltung (= ____________________)

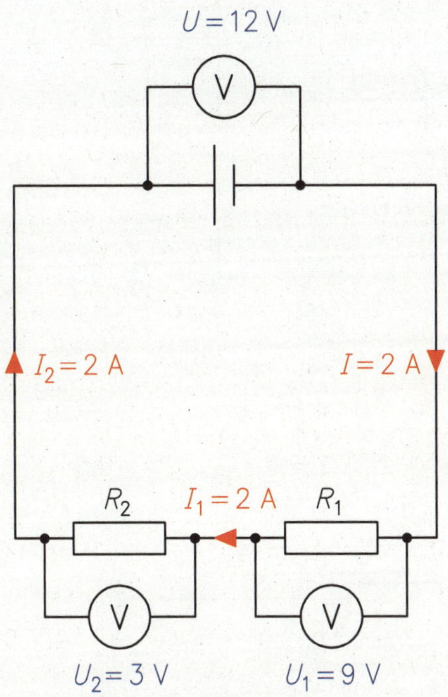

1. Es fließt überall der gleiche ____________; die ____________ ist konstant:

   [____________]

2. Die Gesamtspannung ist so groß wie die ____________ der ____________ ____________:

   [____________]

3. Weil nach dem ohmschen Gesetz

   $U =$ ____________ ist und

   $U =$ ____________ ist, gilt:

   ________ = ____________.

   Weil der Strom $I =$ ____________ ist, ergibt sich:

   [____________]

B. Parallelschaltung

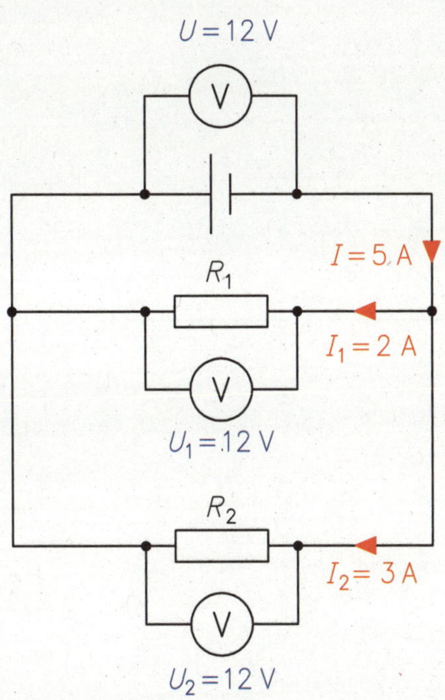

1. Hier ist die ____________ überall gleich:

   [____________]

2. Die Ströme verzweigen sich. Die Gesamtstromstärke ist so groß wie die ____________ der ____________:

   [____________]

3. Nach dem ohmschen Gesetz

   $I =$ ________ und

   $I =$ ________

   = ________ ________ ________

   Weil $U =$ ____________ ist, ergibt sich:

   [____________]

Welche Schaltungsart von Verbrauchern ist im Stromnetz üblich?

____

Nennen Sie die Vorteile dieser Schaltung.

____

____

____

Bildnachweis: Di Gaspare, Michele (Bild und Technik Agentur für technische Grafik und Visualisierung)

C. Gemischte Schaltungen

1.

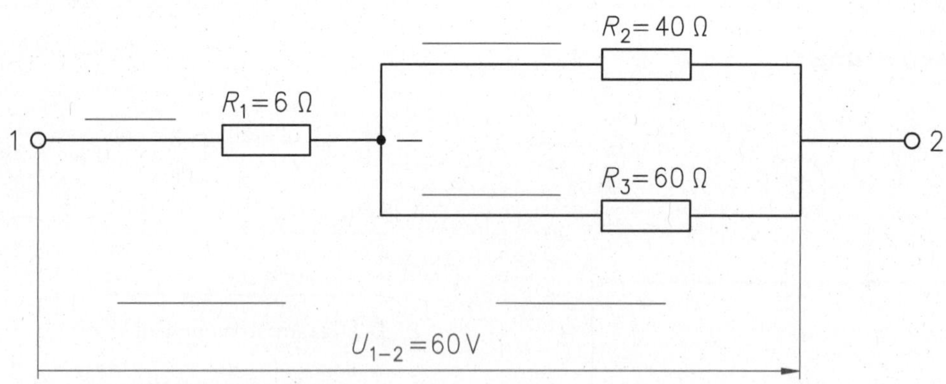

Gemischte Schaltungen sind Kombinationen aus

Vor der Berechnung wird die Schaltung analysiert.

R_2 und R_3 liegen ________________.

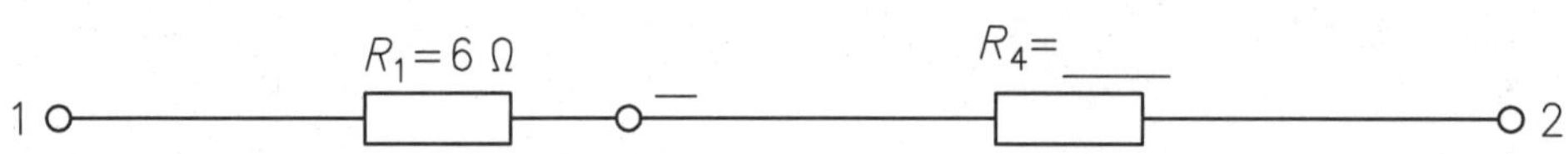

Sie lassen sich zu einem Ersatzwiderstand zusammenfassen:

R_1 liegt zu R_4 ______________________.

Ersatzwiderstand:

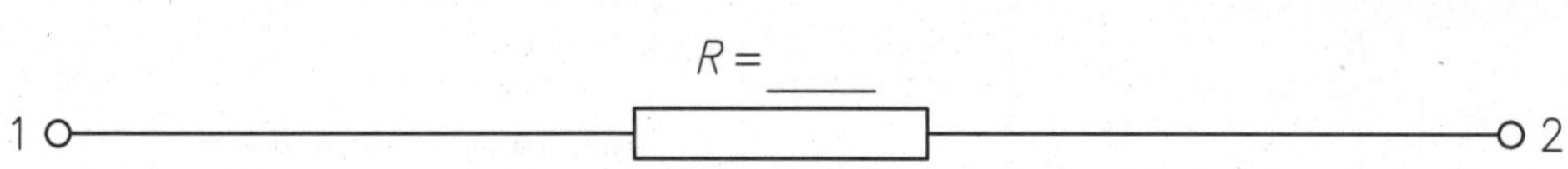

Nun kann mit dem ohmschen Gesetz der Strom I durch die Schaltung berechnet werden:

Die Teilspannung U_{1-3} beträgt: ______________________________

Die Teilspannung U_{3-2} beträgt: ______________________________

Der Teilstrom durch R_2:

Der Teilstrom durch R_3:

2.

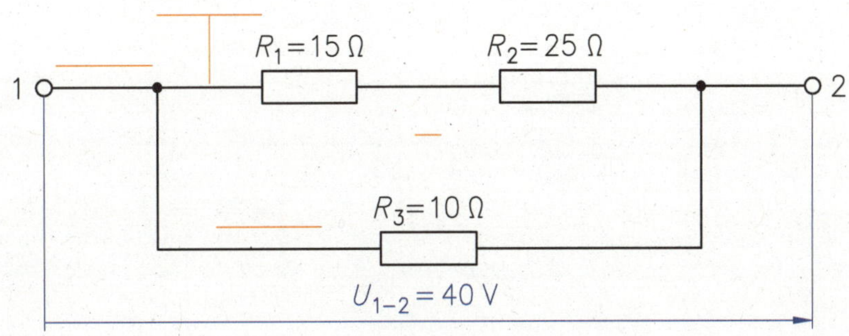

Ersatzwiderstand der ________-Schaltung von ______ und ______:

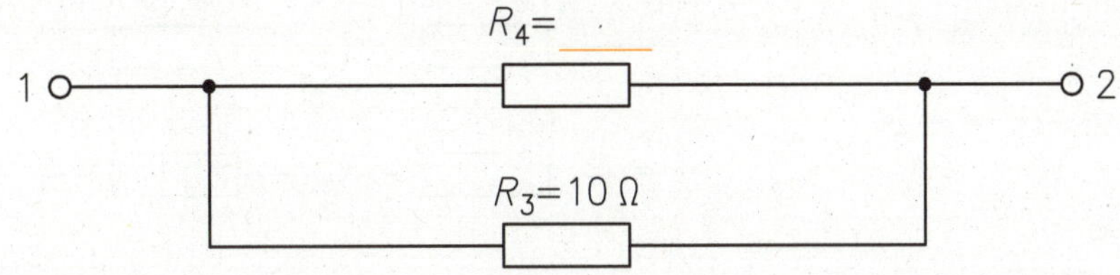

Ersatzwiderstand der ________-Schaltung von ______ und ______:

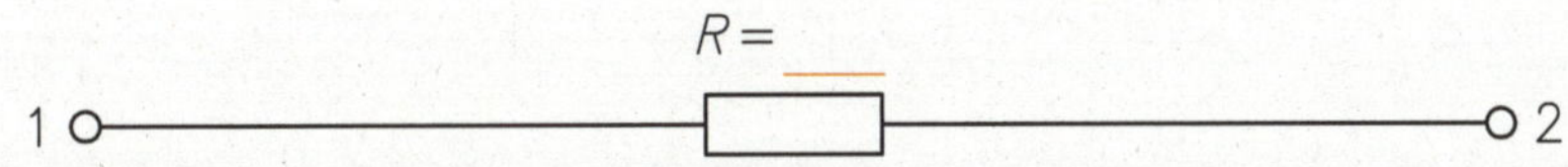

Ströme: $I =$

$I_1 =$

$I_3 =$

Spannungen: $U_{1-3} =$

$U_{3-2} =$

D. Aufgaben

1. Berechnen Sie den Gesamtwiderstand, den Strom und den Spannungsabfall an den beiden Widerständen.

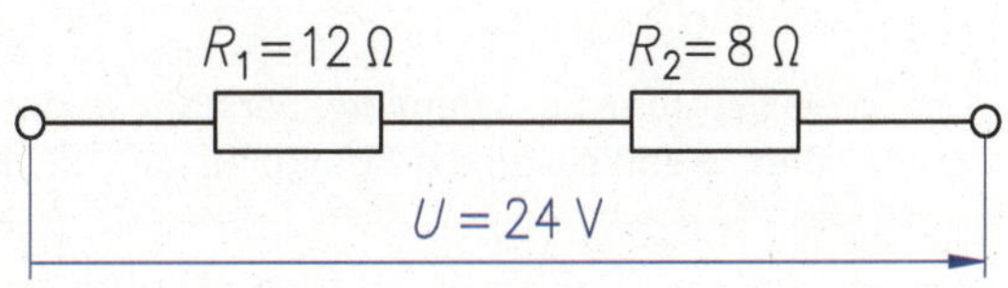

2. 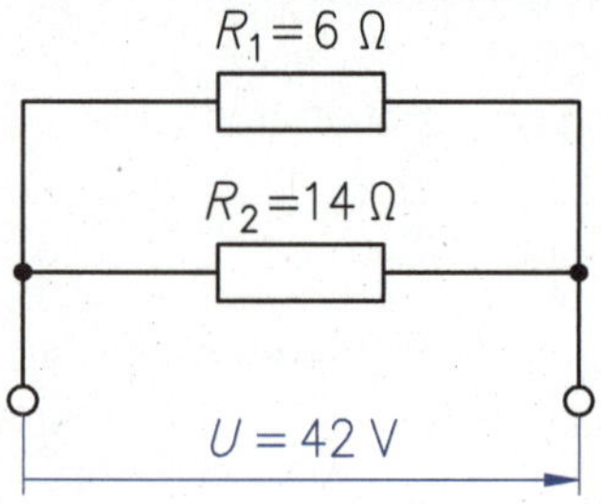

Berechnen Sie folgende Größen:

a) Ersatzwiderstand R,

b) Stromstärke I,

c) Teilströme I_1 und I_2.

3. Gesucht sind die Ströme I_1, I_2 und I_3.

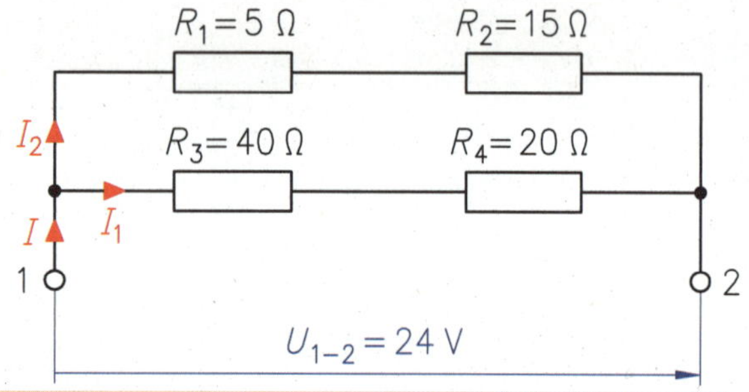

4. Wie viel Ohm muss der Vorwiderstand R_v der Glühlampe (2,5 V, 0,2 A) haben, wenn sie an der Spannung von 12 V betrieben wird?

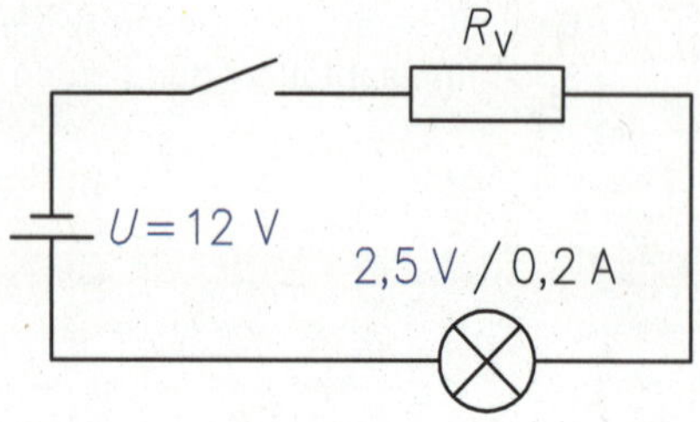

Maschinen und Geräte helfen und unterstützen den Menschen und vergrößern seinen Wirkungsbereich. Sie werden als technische __________ bezeichnet.

Maschine oder Gerät = techn. System

Einfache Maschinen	z. B. __________
Fördermittel	z. B. __________
Werkzeugmaschinen (Spanen)	z. B. __________
Werkzeugmaschinen (Umformen)	z. B. __________
Werkzeugmaschinen (Urformen)	z. B. __________

Elektrische Maschinen	z. B. __________
Pneumatische (druckluftbetriebene) Maschinen	z. B. __________
Hydraulische (flüssigkeitsbetriebene) Maschinen	z. B. __________
Verbrennungs-maschinen	z. B. __________
Heizungssysteme	z. B. __________

Sprachkommunikations-gerät	z. B. __________
Textkommunikations-gerät	z. B. __________
Bildkommunikations-gerät	z. B. __________
Bildschirmkommunikati-onsgerät	z. B. __________
Elektronische Datenverarbeitungs-maschine (EDV)	z. B. __________

Stoffe werden transportiert oder verändert, Energie wird benötigt.	Energie wird umgesetzt.	Informationen werden verarbeitet und weitergeleitet.
__________-Maschinen (stoffumsetzende Maschinen)	__________-Maschinen (energieumsetzende Maschinen)	__________-Maschinen (informationsumsetzende Maschinen)

Merke: Stoffe, Energie und Informationen können __________, __________, __________ und __________ werden.

Die Grundlage für eine ungestörte und damit kostengünstige Produktion ist die Instandhaltung.
Dazu gehören Wartung, Inspektion und Instandsetzung.

A. Wartung

Der Zustand einer Maschine **soll** stets in Ordnung sein. Er heißt deshalb ______________________.

Um ihn zu erreichen, müssen folgende Wartungsarbeiten durchgeführt werden:

1. Reinigen der Maschine
2. Schmieren der Maschine; Überprüfen der ______________________
3. Nachstellen von Werkzeugen oder Führungen

Dabei sind die Wartungspläne des Herstellers zu beachten und am Ende der Wartungsarbeiten ein Protokoll anzufertigen.

B. Inspektion

Bei der Inspektion wird festgestellt, wie der derzeitige Zustand einer Maschine **ist:** ______________________.

Dazu müssen folgende Kontrollarbeiten durchgeführt werden:

1. Nach Fertigstellung der Maschine: ______________________
2. In festgelegten Zeitabständen: ______________________
   Diese muss nach Angaben der Herstellerfirma durchgeführt und schriftlich festgehalten werden.
3. Bei Mängeln an der Maschine: ______________________

C. Instandsetzung

Die Einsatzfähigkeit, der Sollzustand, wird wieder hergestellt.
Vor jeder Instandsetzungsarbeit muss der Umfang der Reparatur festgestellt werden.
Geben Sie den Ablauf einer Instandsetzung an:

1. ______________________
2. ______________________
3. ______________________
4. ______________________
5. ______________________
   ____
   ____
   ____
6. ______________________
7. ______________________

Wartungsarbeiten: Wartung eines Kompressors

Entnehmen Sie dem Typenschild des Druckluftbehälters Ihrer Schule die folgenden Angaben:

Hersteller	
Herstellerzeichen	
Herstellungsnummer	
Baujahr	
Zulässiger Betriebsdruck in bar	
Inhalt in Liter	
Zulässige Betriebstemperatur in Grad Celsius	
Baumusterkennzeichen	

Suchen Sie in der Betriebsanleitung für Druckluftbehälter Angaben über wiederkehrende Prüfungen, Schweißarbeiten und Arbeitsmedium.

Verwenden sie jetzt die Bedienungsanleitung für Kolben-Kompressoren.

Allgemeine Garantiezeit

Garantiezeit gegen Durchrosten des Behälters

Sicherheitshinweise (Auszug)

1. Arbeiten am Kompressor dürfen nur von sachkundigen Personen durchgeführt werden.
2. Der Behälter des Kompressors steht unter Druck. Deshalb sollte der Kompressor nicht in unmittelbarer Nähe einer Arbeitsstätte aufgestellt werden, sondern in einem unbesetzten Nebenraum.
3. Vor Inbetriebnahme des Kompressors die Bedienungsanleitung lesen und genau befolgen.
4. Während und unmittelbar nach dem Betrieb keine Kompressorteile berühren. Zylinderkopf, Nachkühler und Druckleitung erreichen hohe Temperaturen. Verbrennungsgefahr!
5. Vor Arbeiten am Kompressor stets den Netzstecker ziehen und die Luft vollständig ablassen.
6. Während des Betriebs für ausreichende Kühlung der Maschine sorgen. Niemals abdecken!
7. Der Kompressor verdichtet nur Umgebungsluft. Keine anderen Medien beimengen!
8. Die Umgebungstemperatur darf +5 °C nicht unter- und +38 °C nicht überschreiten.
9. Um einen störungsfreien Betrieb zu gewährleisten, darf die durchschnittliche Laufzeit 60 % nicht überschreiten.
10. Am Gerät dürfen keine Veränderungen vorgenommen werden.

Für Wartung, Inspektion und Instandsetzung werden Programmablaufpläne erstellt.

A. Programmablaufplan für eine Wartung

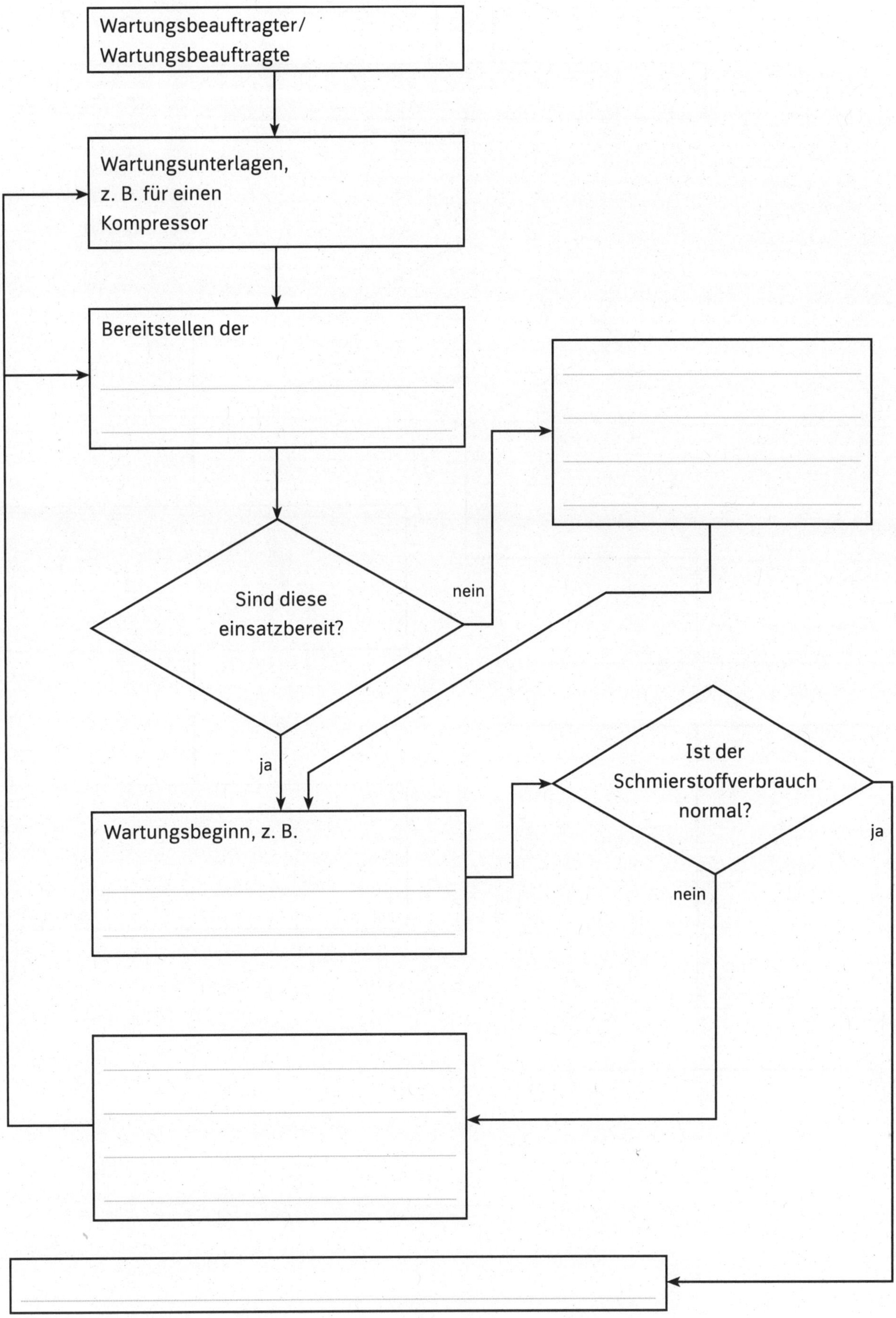

B. Programmablauf für eine Inspektion

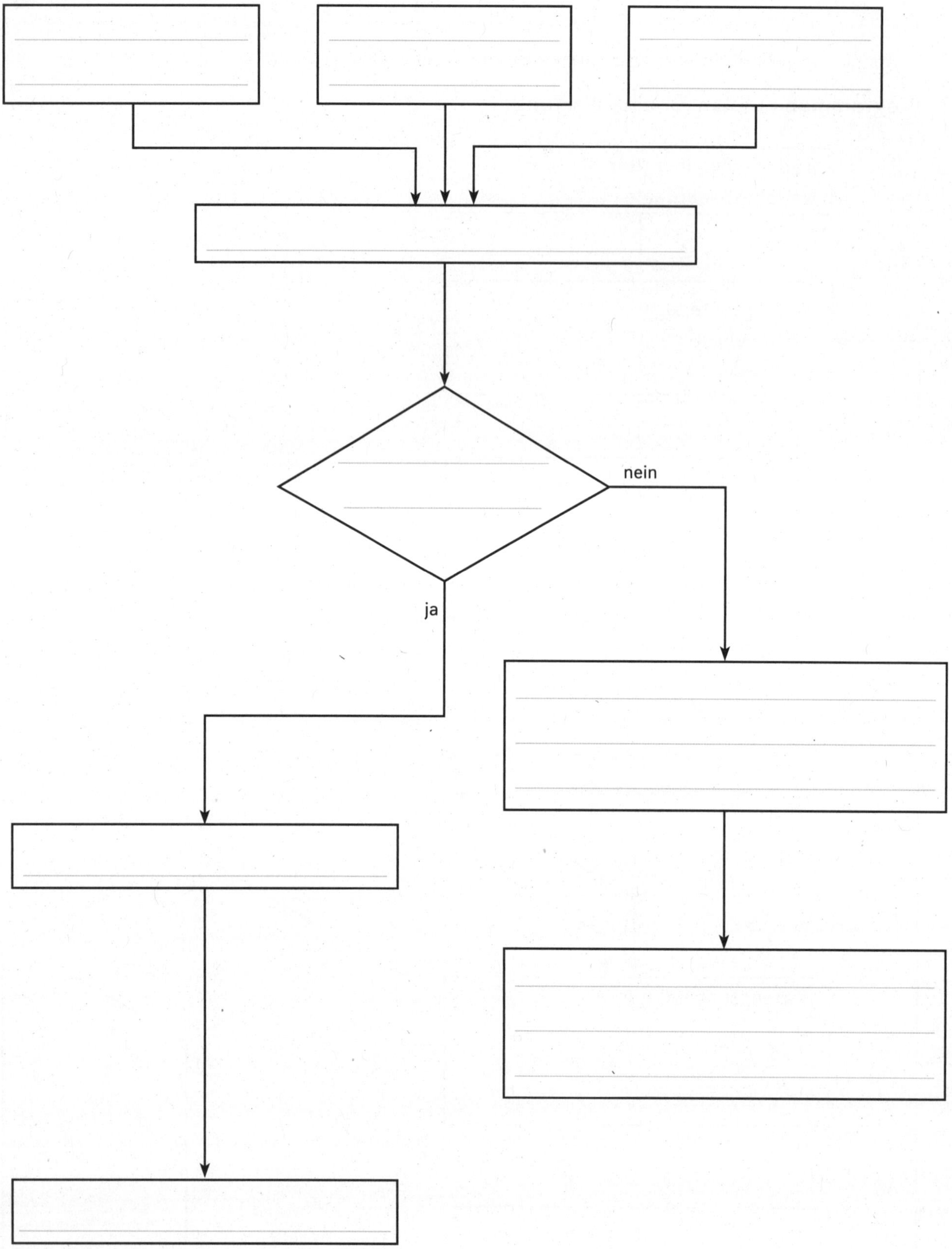

C. Programmablauf für eine Instandsetzung

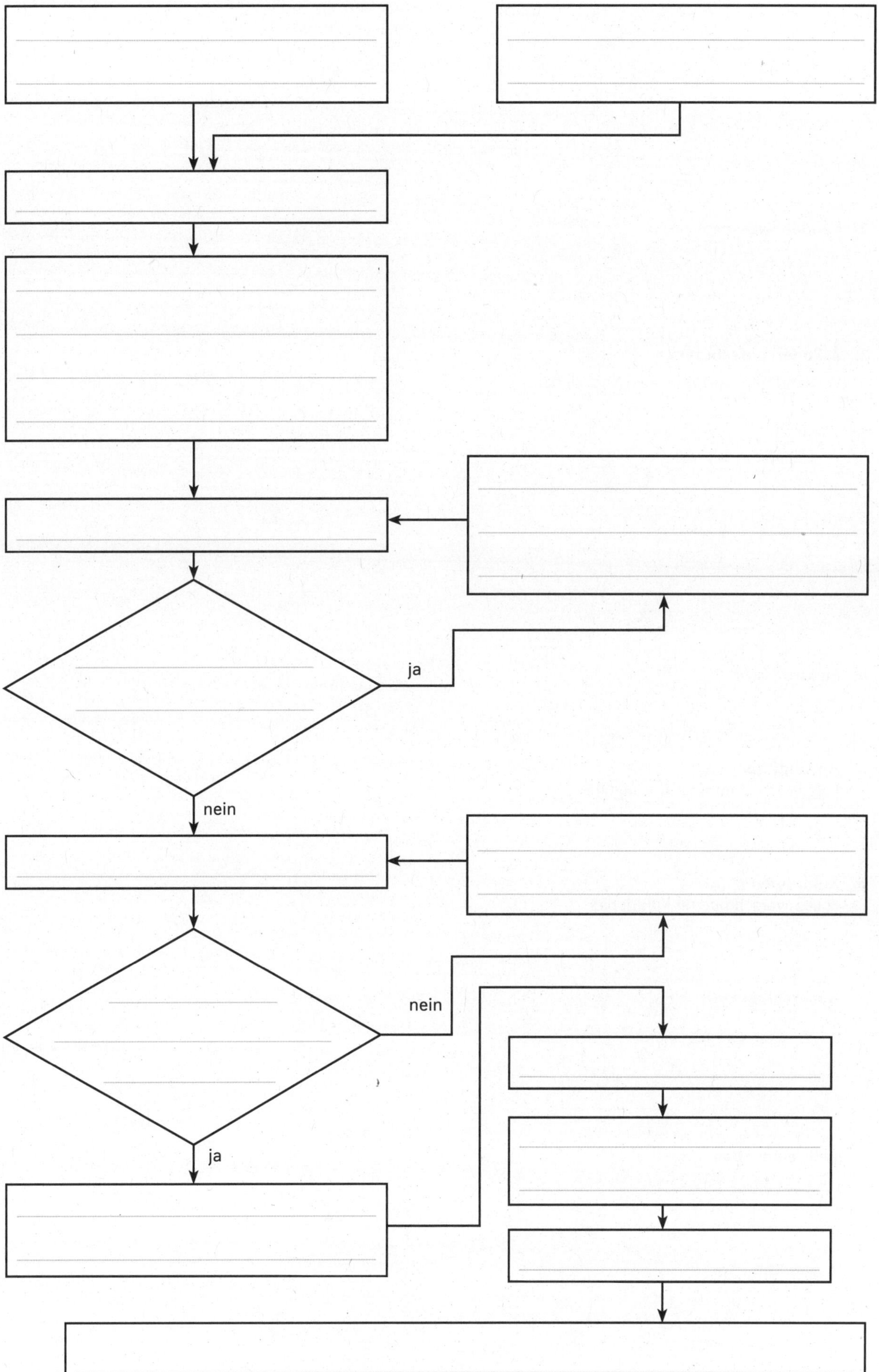

Wartungsarbeiten am Werkstatt-Kompressor in der Schule

1. **Ölwechsel**

2. **Kondenswasser**

3. **Zylinderkopfschrauben**
   Verwendetes Werkzeug zum Nachziehen:

4. **Elektromotor**

5. **Ansaugfilter**
   Folgen verschmutzter Ansaugfilter:

6. **Kühlrippen**
   Folgen verschmutzter Kühlrippen:

7. **Rückschlagventil**

8. **Keilriemenspannung**

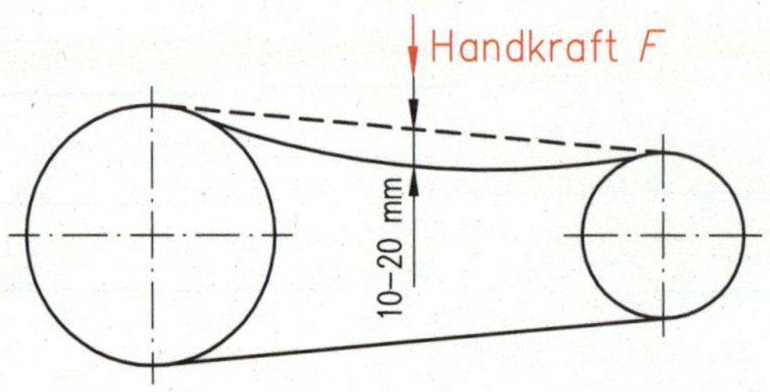

A. Wartungsplan

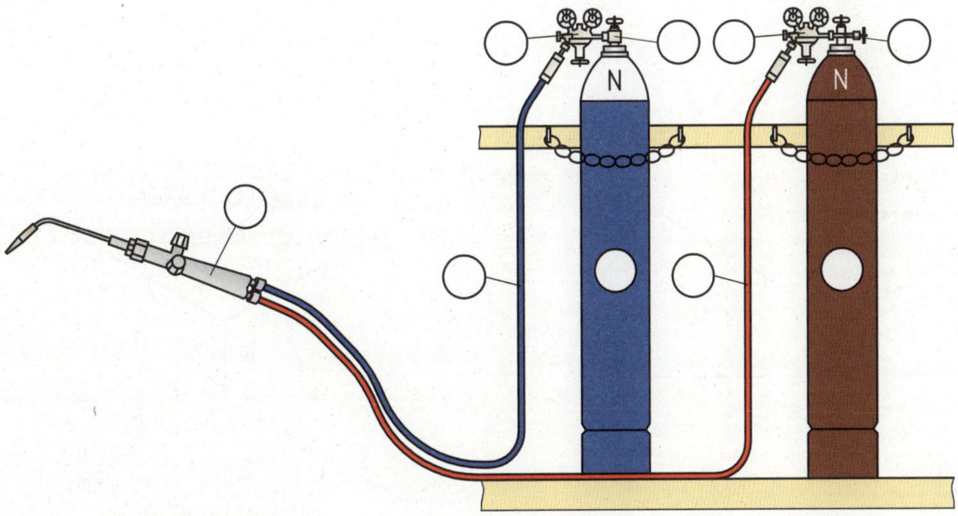

B. Durchführung der Wartungen

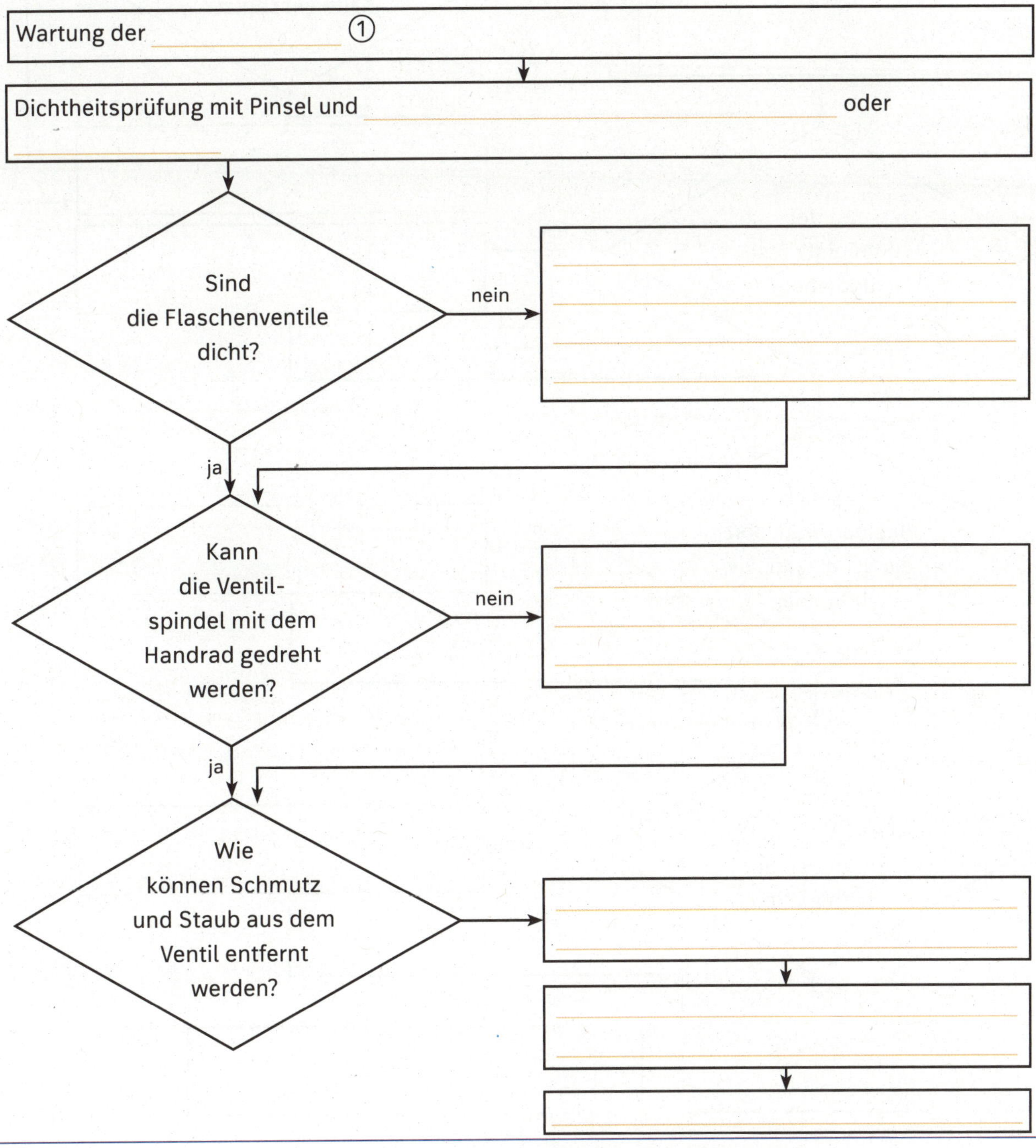

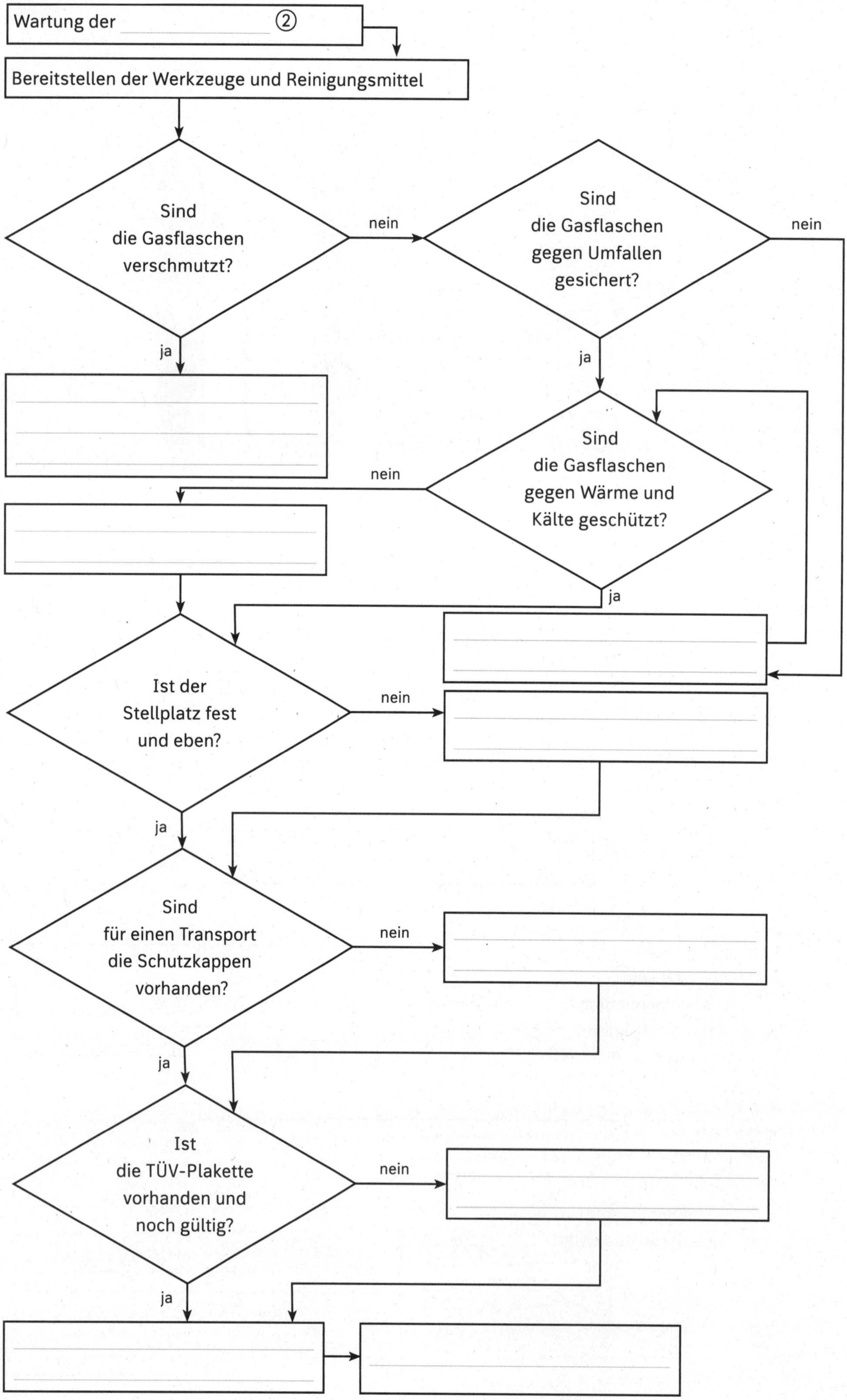
Wartung der ②
Bereitstellen der Werkzeuge und Reinigungsmittel
Sind die Gasflaschen verschmutzt?
nein
ja
Sind die Gasflaschen gegen Umfallen gesichert?
nein
ja
Sind die Gasflaschen gegen Wärme und Kälte geschützt?
nein
ja
Ist der Stellplatz fest und eben?
nein
ja
Sind für einen Transport die Schutzkappen vorhanden?
nein
ja
Ist die TÜV-Plakette vorhanden und noch gültig?
nein
ja

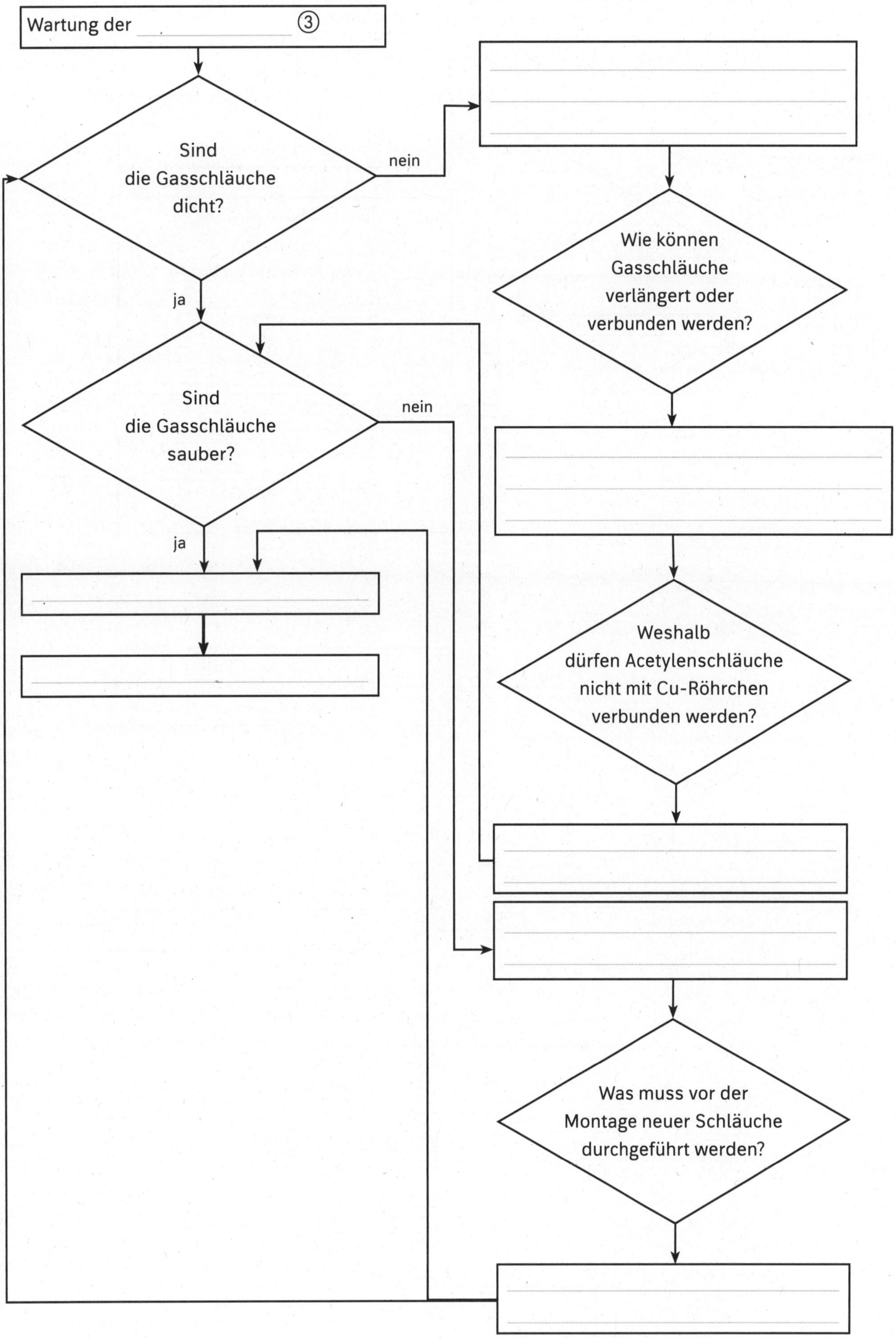

Wartung der ③
Sind die Gasschläuche dicht?
nein
ja
Wie können Gasschläuche verlängert oder verbunden werden?
Sind die Gasschläuche sauber?
nein
ja
Weshalb dürfen Acetylenschläuche nicht mit Cu-Röhrchen verbunden werden?
Was muss vor der Montage neuer Schläuche durchgeführt werden?

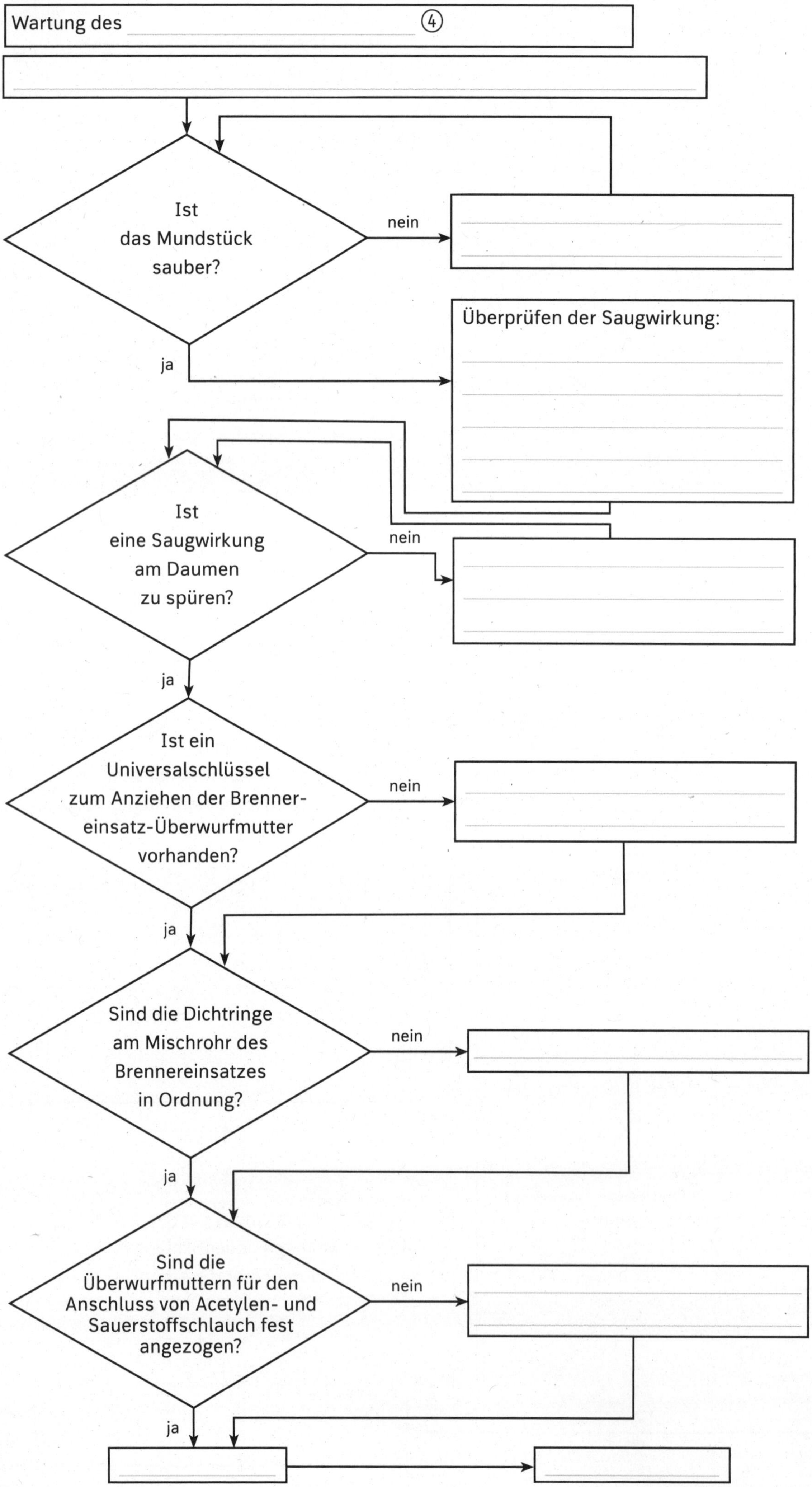
Wartung des
④
Ist das Mundstück sauber?
nein
ja
Überprüfen der Saugwirkung:
Ist eine Saugwirkung am Daumen zu spüren?
nein
ja
Ist ein Universalschlüssel zum Anziehen der Brennereinsatz-Überwurfmutter vorhanden?
nein
ja
Sind die Dichtringe am Mischrohr des Brennereinsatzes in Ordnung?
nein
ja
Sind die Überwurfmuttern für den Anschluss von Acetylen- und Sauerstoffschlauch fest angezogen?
nein
ja

Metallbautechnik	Datum:	**Warten technischer Systeme**	Lernfeld 4
Name:	Klasse:	Warten einer Gasschmelzschweißanlage	**9**

Wartung der ______________ ⑤

Mit welchen Hilfsmitteln wird die Dichtheit überprüft?

____

Sauerstoff-Druckminderventil

Das Druckminderventil ist am Flaschenventil mit ______________ befestigt.

Acetylen-Druckminderventil

Das Druckminderventil ist am Flaschenventil mit ______________ befestigt.

Beim Einsprühen mit Leckspray zeigen sich Luftbläschen.
Welche Wartungsarbeiten müssen durchgeführt werden?

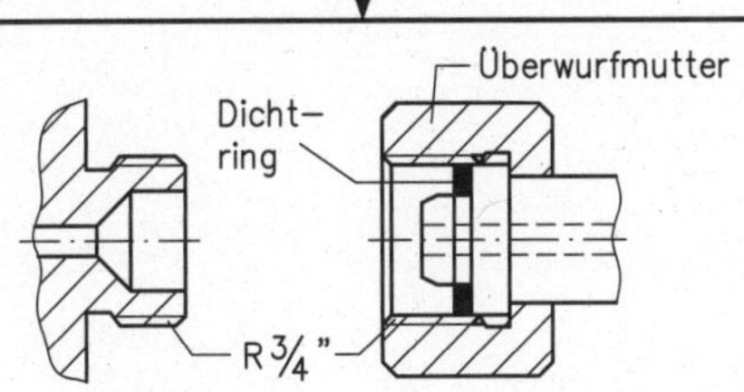

____

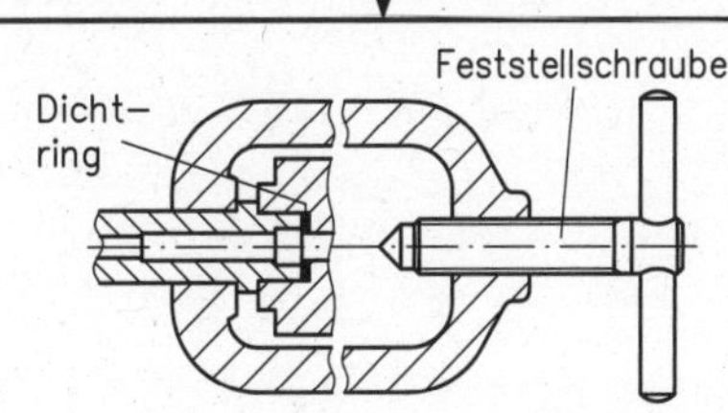

____

Das Absperrventil zum Acetylenschlauch ist undicht.

Welche Maßnahme ist erforderlich?

____

Bildnachweis: Di Gaspare, Michele (Bild und Technik Agentur für technische Grafik und Visualisierung)

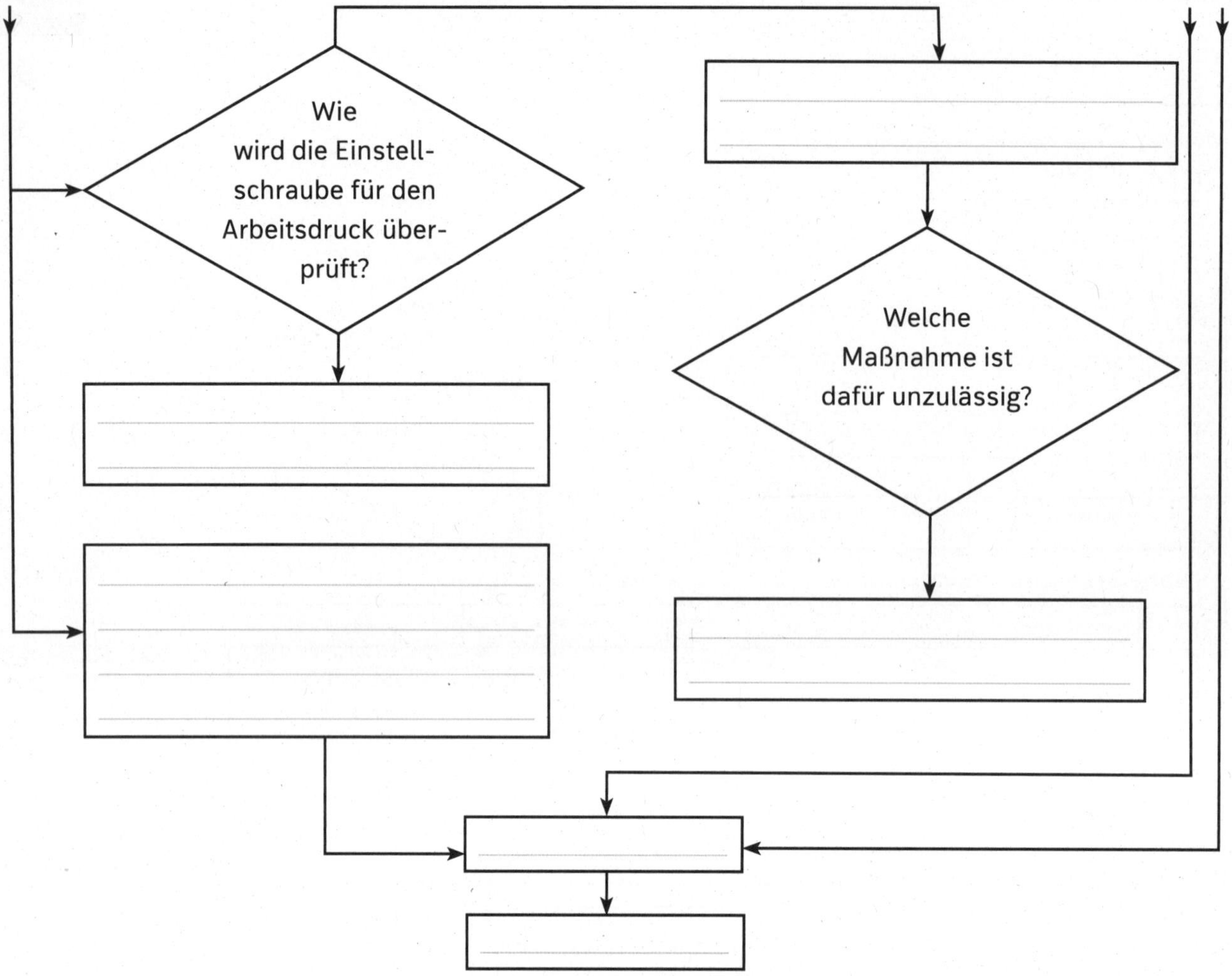
Wie wird die Einstellschraube für den Arbeitsdruck überprüft?
Welche Maßnahme ist dafür unzulässig?

Bei Arbeiten außerhalb der Werkstatt nehmen Handwerker ihre wichtigsten Werkzeuge in abschließbaren Kisten mit zur Baustelle. Diese Behälter müssen von Zeit zu Zeit gereinigt und ihr Inhalt gewartet und bei Bedarf wieder instand gesetzt werden.

Werkzeugkiste	
Flachmeißel	Schneide: Meißelbart:
Feilen	Lockere Metallspäne: Festsitzende Späne:
Hammer	Hammerstiel: Hammerbahn:
Elektrische Handmaschinen	Kabelzuführung: Reparatur elektrischer Teile:
Elektrische Handwinkel-Schleifmaschine	

Welche weiteren Werkzeuge führen Sie in Ihrer Werkzeugkiste mit? Nennen Sie solche und beschreiben Sie die anfallenden Wartungs- und Instandsetzungsarbeiten.

In Ihrem Bestrieb werden Aluminium, Stahl und NE-Metalle bearbeitet.

Ordnen Sie den skizzierten HSS-Wendelbohrern den Drall- oder Spanwinkel, den Bohrer-Typ und den entsprechenden Spitzenwinkel zu.

Verwenden Sie zur Lösung der Aufgaben ein Tabellenbuch.

HSS-Wendelbohrer	Zu bearbeitender Werkstoff	Drall- oder Spanwinkel	Bohrer-Typ	Spitzenwinkel
Spitzenwinkel  Span– oder Drallwinkel	Al $\left(R_m < 300\ \frac{N}{mm^2}\right)$	bis		
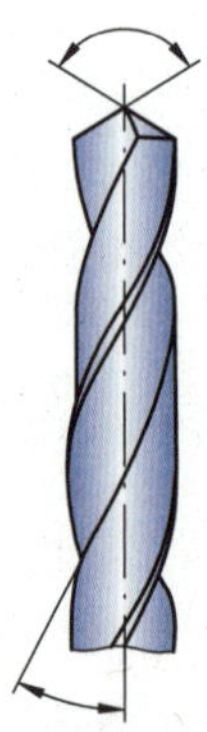	Stahl $\left(R_m \text{ bis } 1000\ \frac{N}{mm^2}\right)$	bis		
	NE-Metalle z. B. Cu-Zn-Leg. (Messing)	bis		

Wendelbohrer mit unrundem Lauf oder Beschädigungen am Einspannschaft müssen erneuert werden.

Bildnachweis: Di Gaspare, Michele (Bild und Technik Agentur für technische Grafik und Visualisierung)

Instandhaltungs- und Ausfallkosten, Störungsfolgen

A. Instandhaltungskosten

Damit die Werkzeuge und Maschinen eines Betriebs stets einsatzbereit sind, muss für deren Instandhaltung Geld aufgewendet werden. Diese Ausgaben werden Instandhaltungskosten genannt.

Instandhaltungskosten (Auswahl)

Direkte Kosten

1. Personalkosten, z. B.

2. Materialkosten, z. B.

3. Fremdkosten, z. B.

Indirekte Kosten

1. Produktionsausfall, z. B.

2. Wertminderung, z. B.

3. Veralterung, z. B.

Die direkten Instandhaltungskosten eines Betriebs können berechnet werden, die indirekten Instandhaltungskosten können nur geschätzt werden.

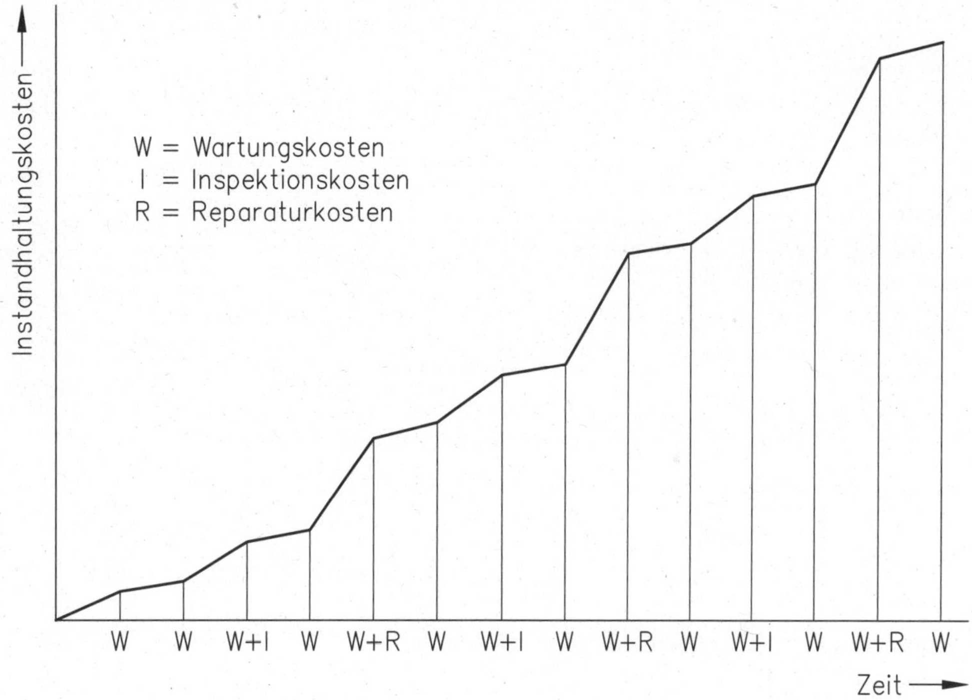

Wartungen und Inspektionen müssen in festgelegten Zeitabschnitten durchgeführt werden. Sie verursachen mit zunehmendem Alter der Werkzeuge und Maschinen immer höhere Kosten.
Das skizzierte Diagramm hat drei steile Anstiege. Geben Sie dafür eine Erklärung an.

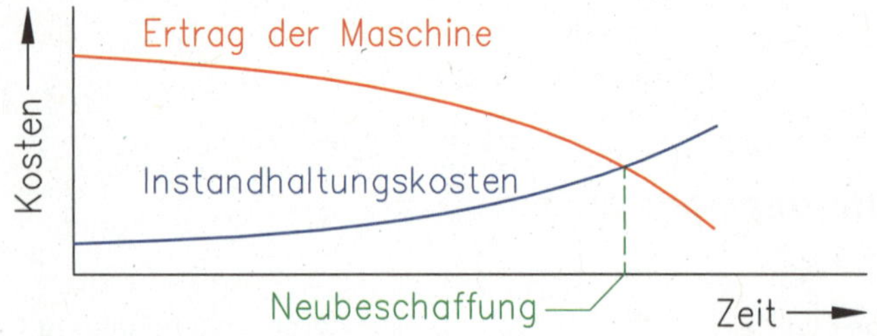

Sind die Kosten für die Instandhaltung höher als der erarbeitete Gewinn der Maschine, so muss sie erneuert werden.

B. Ausfallkosten und Störungsfolgen

Maschinen können während der Produktion ausfallen. Die dadurch entstehenden Kosten sind die Ausfallkosten. Die Ausfallkosten können verringert oder vermieden werden durch:

Störungsfolgen

1. Durch Personenschäden

- Ursachen z. B.:

2. Durch Produktionsausfälle

Z. B. Stillsetzungskosten, Stillstandskosten, Wiederanlaufkosten, Lagerkosten, Zusatzkosten durch Hilfs- und Nebenbetriebe

3. Durch Materialschäden

Z. B. durch eingetrocknete Lacke, Klebstoffe u. Ä.

Bildnachweis: Di Gaspare, Michele (Bild und Technik Agentur für technische Grafik und Visualisierung)